データの分析 短期学習ノート

　　本書は，数学Ⅰ「データの分析」の内容を短期間で学習するための問題集です。値を求める問題を中心に解くことにより⬛⬛⬛⬛⬛⬛基本事項を確認，定着できるように編修しました。

●本書の構成

まとめ　　各項目について，定義，性質などをま⬛⬛⬛⬛⬛

チェック　各項目における代表的な問題です。数値の穴埋め，用語の選択形式にしました。

　　　　　　また，既習内容の復習を **確認** で示しました。

　　　　　　さらに，解法の手順を **ポイント** で示しました。

問　題　　**チェック** と同じレベルの問題です。

　　　　　　問題によっては **ヒント** をつけました。

チャレンジ問　題　共通テスト・センター試験の過去問から，代表的な問題を精選しました。本書の内容を一通り学んだあとの確認や，大学入学共通テスト対策に活用して下さい。

目　次

1 データの整理

① 度数分布表・ヒストグラム

度数…各階級に含まれる値の個数

度数分布表…各階級に度数を対応させた表

a 以上 b 未満の階級について，階級の幅は $b-a$

階級値は $\dfrac{a+b}{2}$

階級（cm） 以上～未満	階級値	度数（人）
160 ～ 165	162.5	1
165 ～ 170	167.5	7
170 ～ 175	172.5	10
175 ～ 180	177.5	5
180 ～ 185	182.5	2
計		25

ヒストグラム…階級の幅を底辺，度数を高さとする長方形を順々にかいて度数の分布を柱状のグラフで表したもの

② 相対度数・相対度数分布表

相対度数…各階級の度数を度数の合計で割った値

相対度数分布表…各階級に相対度数を対応させた表

チェック1

右のデータは，ある高校の生徒20人の数学のテストの結果である。

(1) 0点からはじめて階級の幅を10点とし，下の度数分布表を完成させよ。

(2) (1)のヒストグラムをかけ。

32	81	55	66	46
43	40	88	54	75
78	61	65	18	77
63	29	59	71	79

(点)

確認 a 以上 b 未満の階級について

階級の幅は $b-a$， 階級値は $\dfrac{a+b}{2}$

解答 (1)

階級（点） 以上～未満	階級値	度数（人）
0 ～		
～		
～		
～		
～		
～		
～		
～		
～		
計		20

(2)

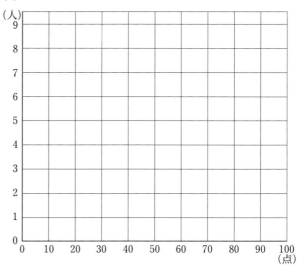

1 次のデータは，20 人の生徒のハンドボール投げの測定記録 (m) である。このデータの度数分布表を完成させ，ヒストグラムをかけ。ただし，階級は 25 m からはじめて，階級の幅を 5 m とする。

33, 41, 27, 35, 28, 27, 39, 26, 33, 41, 26, 29, 33, 37, 46, 35, 32, 28, 31, 41

階級 (m) 以上～未満	階級値	度数 (人)
25 ~		
~		
~		
~		
~		
計		

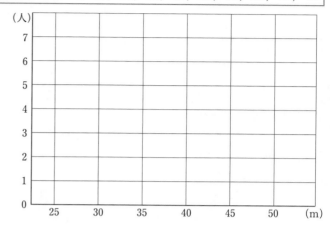

2 右の表は，25 人の生徒の身長 (cm) を度数分布表にまとめたものである。

(1) それぞれの階級の階級値を求めて表を完成させよ。また，ヒストグラムをかけ。

(2) 165 cm 以上 180 cm 未満の生徒の数は，

ア [　　] (人)

となる。

(3) 身長が 176.5 cm の生徒は，身長が高い方から数えると，

イ [　　] 番目から

ウ [　　] 番目まで

にいるといえる。

階級 (cm) 以上～未満	階級値	度数 (人)
160 ~ 165		1
165 ~ 170		7
170 ~ 175		10
175 ~ 180		5
180 ~ 185		2
計		25

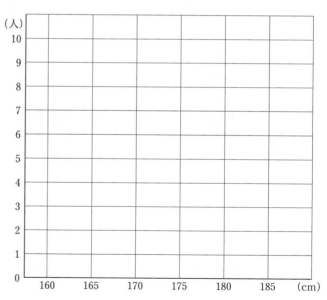

2 代表値

① 平均値

変量 x について，大きさが n のデータの値を，x_1, x_2, ……, x_n とするとき，

$$\bar{x} = \frac{1}{n}(x_1 + x_2 + \cdots\cdots + x_n)$$

度数分布表で与えられたデータの平均値

階級値 x_i の度数を f_i とするとき

$$\bar{x} = \frac{1}{N}(x_1 f_1 + x_2 f_2 + \cdots\cdots + x_n f_n)$$ ただし，$N = f_1 + f_2 + \cdots\cdots + f_n$

② 最頻値（モード）

データにおいて，最も個数の多い値。度数分布表では，度数が最も大きい階級の階級値。

③ 中央値（メジアン）

データを値の小さい順に並べたとき，中央の位置にくる値。データの大きさが偶数のときは，中央の2つの値の平均値。度数分布表では，中央の順位にある値が属する階級の階級値。

チェック2

右の度数分布表について，変量 x の平均値，中央値，最頻値をそれぞれ求めよ。

確認 平均値：$\dfrac{（階級値 x \times 度数 f）の合計}{度数の合計}$

中央値：データが偶数個の場合は，中央の2つの値の平均値

最頻値：度数が最も大きい階級の階級値

階級値 x	度数 f
3	4
4	6
5	7
6	2
7	1
計	20

解答 度数分布表に xf の欄をつくると，右の表のようになる。

よって，xf の合計が ［ア　　　］であるから，

平均値 $\bar{x}$ は $\bar{x} = $ ［イ　　　］

度数の合計が ［ウ　　　］であるから，中央値は小さい方から ［エ　　　］番目の階級値 ［オ　　　］と ［カ　　　］番目の階級値 ［キ　　　］の平均値である。

よって，中央値は ［ク　　　］

最頻値は，度数が最も大きい階級の階級値であるから ［ケ　　　］

階級値 x	度数 f	xf
3	4	
4	6	
5	7	
6	2	
7	1	
計	20	

3 値の小さい順に並んだ次のデータについて，平均値と中央値を求めよ。
(1) 3, 3, 4, 7, 9, 10, 13, 15, 26

(2) 7, 9, 9, 10, 11, 12, 14, 15, 17, 21

4 右の図は，30 人の生徒の通学時間 (分) について調べた結果をヒストグラムに表したものである。ヒストグラムから，下の度数分布表を完成させ，通学時間の平均値，中央値，最頻値を求めよ。

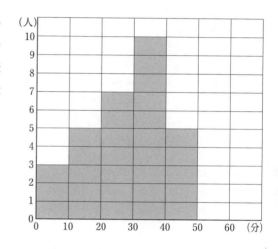

階級 (分) 以上～未満	階級値 x	度数 f	xf
0 ～ 10			
10 ～ 20			
20 ～ 30			
30 ～ 40			
40 ～ 50			
計		30	

5 右の表は，20 人が行ったゲームについて，得点ごとに人数をまとめた結果である。得点の平均値が 2.2 点，最頻値が 3 点のとき，a，b，c の値を求めよ。

得点	0	1	2	3	4	5	計
人数	5	a	2	b	c	3	20

ヒント ① a，b，c の満たす 2 つの条件から b と c の条件式をつくる。
② 最頻値の人数が 6 人以上となるように b の値を求める。

6

3　四分位数

1 範囲

データの最大値から最小値を引いた差　　（範囲）＝（最大値）－（最小値）

2 四分位数

データを値の小さい順に並べたときに、
その中央値を**第2四分位数** Q_2、
中央値で半分に分けたデータのうち、
前半の中央値を**第1四分位数** Q_1、
後半の中央値を**第3四分位数** Q_3 という。

例 9個のデータ
①②｜③④⑤⑥⑦⑧⑨
Q_1　Q_2　Q_3
＝　　＝
$\dfrac{②＋③}{2}$　$\dfrac{⑦＋⑧}{2}$

例 10個のデータ
①②③④⑤｜⑥⑦⑧⑨⑩
Q_1　Q_2　Q_3
＝
$\dfrac{⑤＋⑥}{2}$

3 四分位範囲

四分位範囲 ＝ $Q_3 － Q_1$

チェック3

　　大きさが8のデータ　　　7, 2, 5, －1, 1, 3, 6, 9
について、範囲、第2四分位数 Q_2、第1四分位数 Q_1、第3四分位数 Q_3、四分位範囲を求めよ。

ポイント 四分位数、四分位範囲を求めるには次のようにする。
① データを小さい順に並べ、データの大きさを求める。
② データの大きさが奇数ならば中央の値、偶数ならば中央にある2つのデータの平均値を求める。（この値が第2四分位数 Q_2）
③ 第2四分位数 Q_2 で分けられた前半と後半のデータについて、②と同様に考え、第1四分位数 Q_1 と第3四分位数 Q_3 を求める。
④ 四分位範囲 ＝ $Q_3 － Q_1$

解答 データを値の小さい順に並べると ア[　,　,　,　,　,　,　,　]

最大値が イ[　]、最小値が ウ[　] であるから、範囲は エ[　]

データの大きさが オ[　] であるから、第2四分位数 Q_2 は カ[　] 番目

と キ[　] 番目の値の平均値で ク[　]

第1四分位数 Q_1 は前半のデータ ケ[　,　,　] の中央値で コ[　]

第3四分位数 Q_3 は後半のデータ サ[　,　,　] の中央値で シ[　]

四分位範囲は $Q_3 － Q_1$ より ス[　]

6 次のデータについて，範囲，第2四分位数 Q_2，第1四分位数 Q_1，第3四分位数 Q_3，四分位範囲を求めよ。

(1) 6, 2, 4, 0, 9, 5, 2

(2) 59, 41, 58, 63, 41, 54, 67, 70, 61

(3) −5, 20, 13, 17, −13, 15, 17, 11, 14, −12

(4) 38, 39, 22, 33, 43, 35, 45, 41, 37, 42, 22, 38

7 次の問いに答えよ。

(1) 値の小さい順に並んだ大きさが10のデータ

  3, 5, 6, 7, 7, a, 10, b, 13, 14

の平均値が8.4，四分位範囲が6であるとき，a, b の値を求めよ。

(2) 値の小さい順に並んだ大きさが13のデータ

  2, 3, 5, a, 8, 10, b, 20, 21, 22, c, 27, 30

の中央値が16，平均値が15，四分位範囲が17であるとき，a, b, c の値を求めよ。

4 箱ひげ図

1 箱ひげ図

データの最大値，最小値，四分位数を，右の図のような長方形（箱）と線（ひげ）で表した図。平均値を記入することもある。

箱ひげ図は，縦にかくこともある。

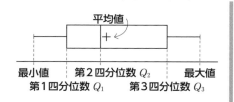

チェック 4

大きさが 8 のデータ 13，4，7，2，9，11，3，5 について，箱ひげ図をかけ。

ポイント 箱ひげ図のかき方

① データを値の小さい順に並べ，最大値，最小値，第 2 四分位数（中央値）Q_2，第 1 四分位数 Q_1，第 3 四分位数 Q_3 を求める。

② 第 1 四分位数 Q_1 の位置と第 3 四分位数 Q_3 の位置を両端とした長方形（箱）をかく。

③ 第 2 四分位数 Q_2 の位置に線を引く。

④ 最小値に縦の線を引き，箱の左側まで線（ひげ）をかく。

⑤ 最大値に縦の線を引き，箱の右側まで線（ひげ）をかく。

解答 データを値の小さい順に並べると ^ア［　，　，　，　，　，　，　，　］

最大値は ^イ［　　］，最小値は ^ウ［　　］

データの範囲は ^イ［　　］ ー ^ウ［　　］ = ^エ［　　］

データの大きさが 8 であるから，

第 2 四分位数 Q_2 は ^オ［　　］，

第 1 四分位数 Q_1 は ^カ［　　］，

第 3 四分位数 Q_3 は ^キ［　　］

以上の値から箱ひげ図をかくと，次のようになる。

1　2　3　4　5　6　7　8　9　10　11　12　13　14　15

8 値の小さい順に並んだ次のデータについて，箱ひげ図をかけ。

(1) 14, 16, 17, 21, 23, 25, 34, 38, 40, 46, 50

```
2  4  6  8  10 12 14 16 18 20 22 24 26 28 30 32 34 36 38 40 42 44 46 48 50
```

(2) 8, 11, 19, 22, 25, 26, 30, 33, 34, 46, 48, 50

```
2  4  6  8  10 12 14 16 18 20 22 24 26 28 30 32 34 36 38 40 42 44 46 48 50
```

(3) 5, 7, 8, 12, 15, 20, 21, 26, 33, 33, 38, 41, 48

```
2  4  6  8  10 12 14 16 18 20 22 24 26 28 30 32 34 36 38 40 42 44 46 48 50
```

(4) 18, 20, 22, 23, 26, 32, 33, 35, 36, 38, 42, 48, 49, 49

```
2  4  6  8  10 12 14 16 18 20 22 24 26 28 30 32 34 36 38 40 42 44 46 48 50
```

9 次の図は，すべての値が整数で大きさが11であるデータの箱ひげ図である。

(1) 最大値，最小値，第1四分位数 Q_1，第2四分位数 Q_2，第3四分位数 Q_3 を求めよ。

(2) データの範囲および四分位範囲を求めよ。

(3) データを値の小さい順に   3, a, b, c, d, e, f, g, h, i, 9

とするとき，b は $\boxed{}^{\text{ア}}$ ，e は $\boxed{}^{\text{イ}}$ ，h は $\boxed{}^{\text{ウ}}$ である。

また，c は $\boxed{}^{\text{エ}}$ 以上 $\boxed{}^{\text{オ}}$ 以下の整数，i は $\boxed{}^{\text{カ}}$ 以上 $\boxed{}^{\text{キ}}$

以下の整数である。

5 箱ひげ図とデータの分布

① 箱ひげ図とデータの分布

四分位数は, 値の小さい順に並べたデータを, およそ 25 % ずつ分割するので, 箱ひげ図について, 次のことがいえる。

箱の部分…中央値周辺のおよそ 50 % の値が含まれる
箱の左側のひげ…下位およそ 25 % の値が含まれる
箱の右側のひげ…上位およそ 25 % の値が含まれる

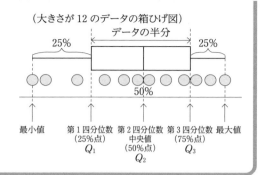

（大きさが 12 のデータの箱ひげ図）

チェック 5

次の図は, 80 人の生徒が受験したテストの得点のデータを箱ひげ図に表したものである。この箱ひげ図から読み取れることとして正しいものを, 次の①〜④のうちからすべて選べ。

① 30 点台の生徒は 20 人以下である。
② 50 点以下の生徒は 40 人以下である。
③ 80 点以上の生徒は 20 人以上いる。
④ 平均値は 60 点より大きい。

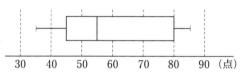

[ポイント] 全体の人数が 80 人であるから, その 25 % は $80 \times \dfrac{1}{4} = 20$（人）

最小値〜Q_1（左側ひげ）, Q_1〜Q_2（箱の左側）, Q_2〜Q_3（箱の右側）, Q_3〜最大値（右側ひげ）には, それぞれおよそ 20 人ずつ分布している。

[解答] ① 最小値が ［ア　　　］ 点台で, 第 1 四分位数 Q_1 が ［イ　　　］ 点台であるから, 30 点台の生徒は ［ウ　　　］ 人以下であることはわかる。

② 第 2 四分位数 Q_2 が ［エ　　　］ 点台であるから, 50 点以下の生徒は

［オ　　　］ 人以下であることはわかる。

③ 第 3 四分位数 Q_3 が ［カ　　　］ 点であるので, 80 点以上の生徒は

［キ　　　］ 人以上であることはわかる。

（正しい方を○で囲む）

④ この箱ひげ図から平均値は ［ク　60 点より大きい, 読み取れない ］

以上より, 読み取れることとして正しいものは ［ケ　　　］ である。

10 右の図は，80 人の生徒が受験したテストの得点のデータを箱ひげ図に表したものである。

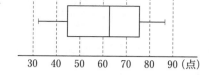

この箱ひげ図から読み取れることとして正しいものを，次の①〜③のうちからすべて選べ。

① 60 点以下の生徒は 40 人以上いる。

② 70 点以上の生徒は 20 人以上いる。

③ 50 点以上の生徒は 60 人以上いる。

11 右の図は，生徒の身長について，A 組と B 組のデータを箱ひげ図に表したものである。この箱ひげ図から読み取れることとして正しいものを，次の①〜④のうちからすべて選べ。ただし，A 組と B 組の人数は同じとする。

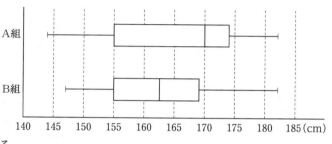

① 身長の四分位範囲は A 組に比べて，B 組の方が小さい。

② A 組で身長が 170 cm 以下の生徒の人数は，B 組で身長が 170 cm 以下の生徒の人数より多い。

③ A 組では，半分以上の生徒が身長 170 cm 以上である。

④ A 組の生徒全体の身長の平均値は約 170 cm である。

12 右の図は，100 人の生徒が受験した国語，数学，英語のテストについて，得点のデータを箱ひげ図に表したものである。次の①〜④の空欄に，これらが箱ひげ図から読み取れる正しい文になるような最大の値を入れよ。

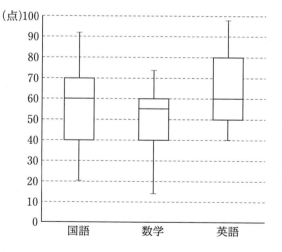

① 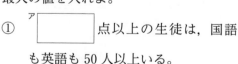点以上の生徒は，国語も英語も 50 人以上いる。

② 60 点以下の生徒は，

国語では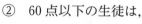人以上，

数学では人以上いる。

③ ^エ⬚ 点未満の生徒は，国語も数学も 25 人以下である。

④ 70 点以上の生徒が^オ⬚人未満なのは，数学だけである。

6 箱ひげ図とヒストグラム

1 箱ひげ図とヒストグラム

次の図は、3種類のデータ ⓐ, ⓑ, ⓒ を、ヒストグラムと箱ひげ図で表したものである。同じデータからつくられた箱ひげ図とヒストグラムは次のように対応している。

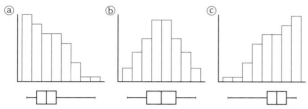

注意 対応する組を見出すには、第1四分位数, 第2四分位数, 第3四分位数の位置に着目するとよい。

チェック 6

右の図は、1991年から2020年までの30年間について、東京の7月の平均気温を箱ひげ図に表したものである。

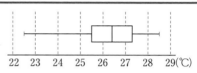

この箱ひげ図のもととなるデータのヒストグラムとして最も適切なものを、次の (ア)~(エ) のうちから1つ選べ。ただし、ヒストグラムの横軸の各階級の表記は、「○○以上○○未満」を示す。

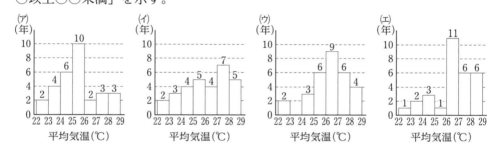

ポイント ① データの大きさが30であることに着目する。
② 箱ひげ図から、第1四分位数, 第2四分位数, 第3四分位数の属する階級を読み取る。

解答 箱ひげ図から、平均気温の第1四分位数は〔ア　　　　〕以上〔イ　　　　〕未満、

第2四分位数は〔ウ　　　　〕以上〔エ　　　　〕未満、第3四分位数は〔オ　　　　〕

以上〔カ　　　　〕未満の階級に属している。

第1四分位数は小さい方から数えて〔キ　　　　〕番目の値、第2四分位数は

〔ク　　　　〕番目と〔ケ　　　　〕番目の値の平均値、第3四分位数は〔コ　　　　〕番

目の値であるから、最も適切なヒストグラムは〔サ　　　　〕である。

13 次の左の図は，ある高校の生徒 40 人について，ハンドボール投げの距離 (m) を測定した
データのヒストグラムである。ヒストグラムと矛盾しない箱ひげ図を，次の(ア)～(エ)のうち
からすべて選べ。

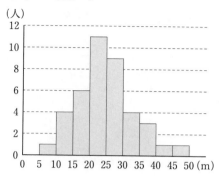
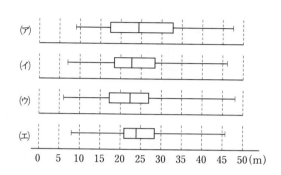

14 右の図は，札幌 (北海道)，那覇 (沖縄)，神戸
(兵庫) の 3 地点における 2020 年 8 月の日ご
との最高気温 31 日分の観測値をそれぞれ箱
ひげ図に表したものである。
これらの箱ひげ図のもととなるデータのヒス
トグラムとして最も適切なものを，次の(ア)～
(エ)のうちからそれぞれ 1 つ選べ。

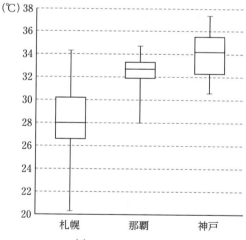

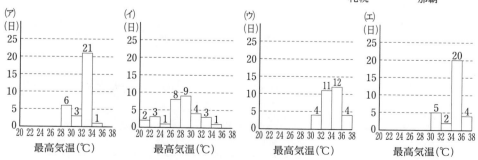

7 外れ値

1 外れ値

データの中に，他の値から極端に離れた値が含まれることがある。そのような値を**外れ値**といい，次のように定める。

　　(第1四分位数 − 1.5 × 四分位範囲) 以下の値　　　← $Q_1 - 1.5 \times (Q_3 - Q_1)$

または　(第3四分位数 + 1.5 × 四分位範囲) 以上の値　　← $Q_3 + 1.5 \times (Q_3 - Q_1)$

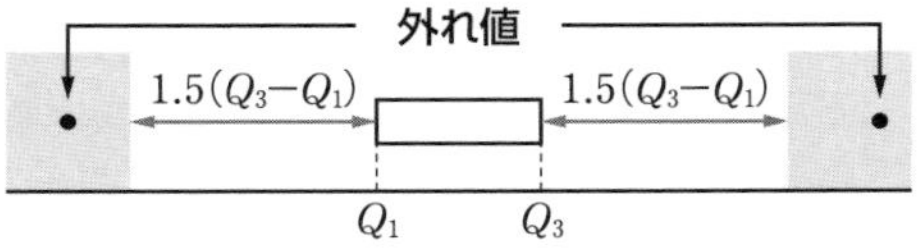
外れ値
1.5(Q3−Q1)
1.5(Q3−Q1)
Q1
Q3

注意　本書では，上で示した外れ値の定義を用いるが，平均値や標準偏差を用いて，外れ値を定める場合もある。

チェック7

右の図は，あるデータを箱ひげ図に表したものである。このデータの最大値 95，最小値 23 がそれぞれ外れ値であるかどうか調べよ。

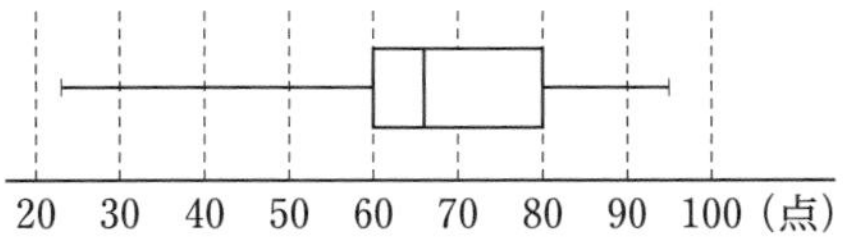
20 30 40 50 60 70 80 90 100 (点)

解答　はじめに，箱ひげ図から四分位範囲を求める。

第1四分位数 $Q_1 =$ ア□，第3四分位数 $Q_3 =$ イ□ より

$Q_3 - Q_1 =$ ウ□

●最小値 23 について調べる。

$Q_1 - 1.5 \times (Q_3 - Q_1) =$ エ□

23 は エ□ より オ[大きい・小さい] ので，最小値 23 は外れ値 カ[である・でない]。

●最大値 95 について調べる。

$Q_3 + 1.5 \times (Q_3 - Q_1) =$ キ□

95 は キ□ より ク[大きい・小さい] ので，最大値 95 は外れ値 ケ[である・でない]。

15 次の図は，あるデータを箱ひげ図に表したものである。このデータの最大値，最小値が外れ値であるかどうか調べよ。

(1)

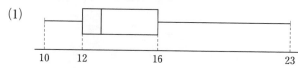

(2)

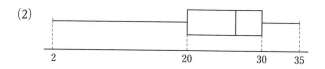

16 値の小さい順に並んだ次のデータについて，外れ値をすべて求めよ。

(1)　4，5，6，7，7，8，9，10，20，40

(2)　0，1，2，13，14，16，16，20，24，28，30，40，45，80

17 第1四分位数 $Q_1 = 10$，第3四分位数 $Q_3 = k$ であるデータについて，25 が外れ値となるような定数 k の値の範囲を求めよ。

8 分散・標準偏差

① 分散

大きさが n である変量 x のデータ $x_1,\ x_2,\ x_3,\ \cdots\cdots,\ x_n$ の平均値を $\bar{x}$ とする。

偏差…データの各値と平均値の差　　$x_1 - \bar{x},\ x_2 - \bar{x},\ \cdots\cdots,\ x_n - \bar{x}$

分散…偏差の 2 乗の平均値　　　　　　　　　　　　　　　← 偏差の平均値は 0

$$s^2 = \frac{1}{n}\{(x_1 - \bar{x})^2 + (x_2 - \bar{x})^2 + \cdots\cdots + (x_n - \bar{x})^2\}$$

上の式の右辺を展開して整理すると，次の式が得られる。

$$s^2 = \frac{1}{n}(x_1{}^2 + x_2{}^2 + \cdots\cdots + x_n{}^2) - (\bar{x})^2 = \overline{x^2} - (\bar{x})^2 \qquad ← (x^2\text{の平均値}) - (x\text{の平均値})^2$$

② 標準偏差　標準偏差 $s = \sqrt{\text{分散}}$

標準偏差の値が大きいほど，平均値を基準としたデータの散らばりの度合いは大きい。

チェック 8

大きさが 6 である変量 x のデータ 4, 6, 7, 10, 12, 15 の分散 s^2 および標準偏差 s を，次の①と②の方法で求めよ。

ポイント
① x の平均値 $\bar{x}$ を求め，$(x - \bar{x})^2$ の平均値を求める。
② x の分散 $= (x^2\text{の平均値}) - (x\text{の平均値})^2$ で求める。

- -

解答 ① 平均値は　　$\bar{x} = $ ⁷[　　　]

$\bar{x}$ の値を用いて，右の表を完成させ，$(x - \bar{x})^2$ の合計を求めると ⁴[　　　]

x の分散 s^2 は $(x - \bar{x})^2$ の平均値であるから

$s^2 = $ ⁿ[　　　]

x	$x - \bar{x}$	$(x - \bar{x})^2$
4		
6		
7		
10		
12		
15		
計		

標準偏差は，分散の正の平方根であるから　$s = $ ᴱ[　　　] （根号 $\sqrt{}$ のままでよい）

② 変量 x の 6 個の値の 2 乗 x^2 を求め，右の表を完成させ，

x^2 の平均値を求めると　　$\overline{x^2} = $ ⁴[　　　]

x の平均値は $\bar{x} = $ ᵏ[　　　] で，x の分散は

$(x^2\text{の平均値}) - (x\text{の平均値})^2$ であるから　$s^2 = $ ᵏ[　　　]

x	x^2
4	
6	
7	
10	
12	
15	
計	

標準偏差は，分散の正の平方根であるから　$s = $ ᵍ[　　　]

（根号 $\sqrt{}$ のままでよい）

18 次のデータの平均値，分散 s^2 および標準偏差 s を，右の表を利用して，**チェック 8** の **ポイント** にある①，②の 2 通りの方法で求めよ。ただし，標準偏差については根号 $\sqrt{}$ のままでよい。

(1) 1, 3, 4, 7, 10

x	$x-\bar{x}$	$(x-\bar{x})^2$		x	x^2
1				1	
3				3	
4				4	
7				7	
10				10	
計				計	

(2) -5, -3, 0, 1, 4, 5, 7, 9, 10, 12

x	$x-\bar{x}$	$(x-\bar{x})^2$		x	x^2
-5				-5	
-3				-3	
0				0	
1				1	
4				4	
5				5	
7				7	
9				9	
10				10	
12				12	
計				計	

19 右の表は，A，B 2 人の 5 回の数学の小テストの結果である。A，B の平均値 $\bar{x}$，$\bar{y}$ および標準偏差 s_x，s_y をそれぞれ求めよ。また，標準偏差によって，データの散らばりの度合いを比較せよ。
ただし，標準偏差については根号 $\sqrt{}$ のままでよい。

回	①	②	③	④	⑤
A x(点)	4	2	8	6	10
B y(点)	3	10	1	7	9

20 大きさが 6 である変量 x のデータ 8, 11, 12, 15, 17, 20 に対して，8 を 9 に，20 を 19 に修正した変量 y のデータ 9, 11, 12, 15, 17, 19 がある。y の平均値および分散は，x の平均値および分散に対して，大きいか，小さいか，変わらないか，それぞれ答えよ。

21 大きさが 5 のデータ 0, 2, 4, 6, a について，標準偏差が 2 であるとき，a の値を求めよ。
ヒント 分散 $=$ (標準偏差)^2，x の分散 $=$ (x^2 の平均値) $-$ (x の平均値)^2 から，a についての方程式を導く。

9　度数分布表と分散・標準偏差

① 度数分布表と分散

階級値 x_i の度数を f_i とする。ただし，$N = f_1 + f_2 + \cdots\cdots + f_n$

このとき

① 　x の分散 $= (x - \bar{x})^2$ の平均値

$$s^2 = \frac{1}{N}\{(x_1 - \bar{x})^2 f_1 + (x_2 - \bar{x})^2 f_2 + \cdots\cdots + (x_n - \bar{x})^2 f_n\}$$

② 　x の分散 $= (x^2$ の平均値$) - (x$ の平均値$)^2$

$$s^2 = \frac{1}{N}(x_1{}^2 f_1 + x_2{}^2 f_2 + \cdots\cdots + x_n{}^2 f_n) - (\bar{x})^2 \qquad \left(\bar{x} = \frac{1}{N}(x_1 f_1 + x_2 f_2 + \cdots\cdots + x_n f_n)\right)$$

階級値 x	度数 f
x_1	f_1
x_2	f_2
$\vdots$	$\vdots$
x_n	f_n
計	N

② 標準偏差

標準偏差 $s = \sqrt{分散}$

チェック 9

右の度数分布表について，変量 x の分散 s^2 と標準偏差 s を求めよ。

ポイント
① 度数分布表で与えられたデータの平均値，分散は，階級値と度数から計算する。
② 度数分布表に xf と $x^2 f$ の欄を追加する。
③ x の分散 $= (x^2$ の平均値$) - (x$ の平均値$)^2$
より，標準偏差 $= \sqrt{分散}$ で求める。

階級値 x	度数 f
10	2
20	3
30	4
40	0
50	1
計	10

解答 右の表の xf と $x^2 f$ の欄の値より，平均値および分散，標準偏差は，次のようにして求められる。

階級値 x	度数 f	xf	$x^2 f$
10	2		
20	3		
30	4		
40	0		
50	1		
計	10		

xf の合計が $^{\text{ア}}\boxed{}$ であるから，

x の平均値は $\bar{x} = {}^{\text{イ}}\boxed{}$

また，$x^2 f$ の合計が $^{\text{ウ}}\boxed{}$ であるから，

x^2 の平均値は $\overline{x^2} = {}^{\text{エ}}\boxed{}$

よって，x の分散 $= (x^2$ の平均値$) - (x$ の平均値$)^2$ より，

x の分散は $s^2 = {}^{\text{オ}}\boxed{}$ ，x の標準偏差は $s = {}^{\text{カ}}\boxed{}$

（根号 $\sqrt{}$ のままでよい）

22 次の度数分布表について，表を完成させ，x の平均値 $\bar{x}$ と標準偏差 s をそれぞれ求めよ。
ただし，標準偏差については根号 $\sqrt{}$ のままでよい。

(1)

階級値 x	度数 f	xf	x^2f
4	2		
8	4		
12	1		
16	3		
計	10		

(2)

階級値 x	度数 f	xf	x^2f
0	5		
5	2		
10	2		
15	6		
20	5		
計	20		

23 右の度数分布表について，x の平均値が 5，分散が 3.8
となるような a，b，c の値を求めよ。

ヒント a，b，c の満たす条件式が 3 つできる。その連立方程
式を解いて求める。

階級値 x	度数 f	xf	x^2f
2	a		
4	b		
6	c		
8	3	24	192
計	20		

10 散布図

1 **散布図**
2つの変量からなるデータを座標平面上の点で表した図

2 **正の相関**
一方が大きいと他方も大きい傾向がみられる関係。点の分布は全体的に右上がりになる。

3 **負の相関**
一方が大きいと他方が小さい傾向がみられる関係。点の分布は全体的に右下がりになる。

4 **相関がない**
正の相関，負の相関のどちらの傾向もみられない場合

正の相関

負の相関

相関がない

番号	身長 x (cm)	体重 y (kg)
①	162	54
②	175	70
③	165	58
④	170	66
⑤	166	63
⑥	171	73
⑦	167	65
⑧	173	65
⑨	162	62
⑩	163	61

チェック 10

右の表は，生徒 10 人の身長 x (cm) と体重 y (kg) の測定結果をまとめたものである。この表から散布図をつくり，x と y の間にどのような相関があるか調べよ。

考え方 身長 x (cm) と体重 y (kg) の値を座標 (x, y) として，座標平面上に点をとる。

解答
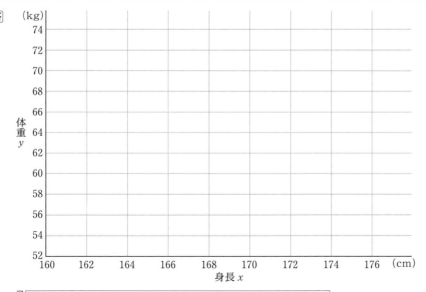

ア | 正の相関がある ・ 負の相関がある ・ 相関がない

24 次の表は，10 人の生徒の身長 x（cm）と靴のサイズ y（cm）を調べたデータである。この表から散布図をつくり，x と y の間にどのような相関があるか調べよ。

番号	①	②	③	④	⑤	⑥	⑦	⑧	⑨	⑩
身長 x（cm）	158	156	164	160	152	162	158	160	162	157
靴 y（cm）	23.0	22.0	24.0	23.5	21.5	23.0	21.5	22.0	23.5	23.0

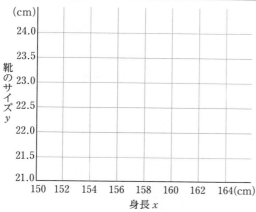

25 次の①～③は，2 つの変量 x，y のデータについての散布図である。このうち，最も強い正の相関があるものはどれか。

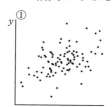 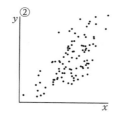 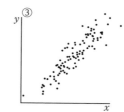

26 右の図は，8 月 1 日から 8 月 10 日までの，ある都市における日ごとの最高気温を x（℃），最高気温と最低気温の気温差を y（℃）としたときの x と y の散布図である。

この散布図から，最高気温と，最高気温と最低気温の気温差について正しいといえることを，次の①～④からすべて選べ。

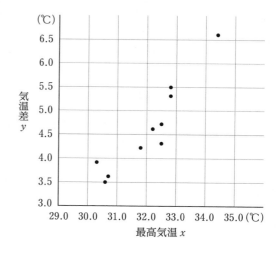

① 最高気温の範囲は，気温差の範囲より大きい。

② 最高気温が高いほど気温差は小さいという傾向にある。

③ 最高気温が 31 ℃ 以上で，気温差が 6 ℃ 以上の日は存在しない。

④ 最高気温の第 3 四分位数は 33 ℃ より低い。

11 相関係数

① 共分散

2つの変量 x, y の共分散 s_{xy} は，x の偏差 $x-\overline{x}$ と y の偏差 $y-\overline{y}$ の積 $(x-\overline{x})(y-\overline{y})$ の平均値である。

$$s_{xy} = \frac{1}{n}\{(x_1-\overline{x})(y_1-\overline{y}) + (x_2-\overline{x})(y_2-\overline{y}) + \cdots\cdots + (x_n-\overline{x})(y_n-\overline{y})\}$$

② 相関係数

x と y の相関係数 r は $r = \dfrac{s_{xy}}{s_x s_y}$　　　ただし，s_x は x の標準偏差，s_y は y の標準偏差

相関係数 r の値の範囲は $-1 \leqq r \leqq 1$

チェック11

右の表は，5人の生徒の小テストの1回目の得点 x と，2回目の得点 y である。x と y の相関係数 r を求めよ。

番号	①	②	③	④	⑤
1回目 x	6	10	8	9	7
2回目 y	6	12	10	8	14

(点)

確認　(i)　x の偏差 $x-\overline{x}$，y の偏差 $y-\overline{y}$

(ii)　分散 = 偏差の2乗の平均値，　　標準偏差 = $\sqrt{\text{分散}}$

(iii)　共分散 = x と y の偏差の積の平均値

(iv)　相関係数 = $\dfrac{\text{共分散}}{x \text{の標準偏差} \times y \text{の標準偏差}}$

- -

解答　変量 x, y のデータの平均値は，それぞれ次のようになる。

$$\overline{x} = \boxed{}^{ア}, \quad \overline{y} = \boxed{}^{イ}$$

よって，次の表ができる。

番号	x	y	$x-\overline{x}$	$y-\overline{y}$	$(x-\overline{x})^2$	$(y-\overline{y})^2$	$(x-\overline{x})(y-\overline{y})$
①	6	6					
②	10	12					
③	8	10					
④	9	8					
⑤	7	14					
計							

x, y の標準偏差はそれぞれ $(x-\overline{x})^2$，$(y-\overline{y})^2$ の平均値の正の平方根であるから

$$s_x = \boxed{}^{ウ}, \quad s_y = \boxed{}^{エ} \qquad (\text{根号} \sqrt{} \text{のままでよい})$$

x, y の共分散は $(x-\overline{x})(y-\overline{y})$ の平均値であるから　$s_{xy} = \boxed{}^{オ}$

よって，相関係数は　$r = \dfrac{s_{xy}}{s_x s_y} = \boxed{}^{カ}$

27 右の表は，5人の生徒の数学の得点xと英語の得点yの結果である。xとyの相関係数rを求めよ。ただし，$\sqrt{2}=1.41$ とする。

番号	①	②	③	④	⑤
数学 x	3	7	1	4	5
英語 y	7	5	4	3	6

(点)

番号	x	y	$x-\bar{x}$	$y-\bar{y}$	$(x-\bar{x})^2$	$(y-\bar{y})^2$	$(x-\bar{x})(y-\bar{y})$
①	3	7					
②	7	5					
③	1	4					
④	4	3					
⑤	5	6					
計	20	25					

28 次の(ア)～(ウ)は，2つの変量x，yのデータについての散布図である。これらに対応する相関係数として，最も適切なものを，次の①～③のうちからそれぞれ1つずつ選べ。

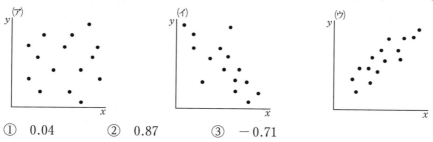

① 0.04　　　② 0.87　　　③ -0.71

29 変量xおよび変量yのデータの平均値，中央値，分散，標準偏差，変量xと変量yの共分散は，それぞれ次の表の通りである。このとき，xとyの相関係数rを求めよ。

	平均値	中央値	分散	標準偏差	共分散
変量xのデータ	8.0	7.5	25.0	5.0	24.0
変量yのデータ	9.0	9.5	36.0	6.0	

30 相関係数の一般的な性質に関する次の①～④の説明について，正しいものをすべて答えよ。
① 相関係数rの値の範囲は，つねに $-1 \leqq r \leqq 1$ である。
② データのすべての値が1つの曲線上に存在するときは，相関係数rはいつでも $r=1$ または $r=-1$ である。
③ データのすべての値を定数倍しても，相関係数の値は変わらない。
④ データのすべての値に定数を加えると，相関係数の値は変わる。

12 仮説検定の考え方

① 仮説検定

与えられたデータをもとに，ある主張が正しいかどうかを判断する次のような手法を**仮説検定**という。
仮説①が正しいと判断できるかどうかを次のように調べる。

① 仮説①に反する仮説②を立てる。

② 仮説②のもとで，事象が起こる確率 p を調べる。

③ ②の確率 p が，あらかじめ設定した基準 p_0 に対して，

○$p \leqq p_0$ のときは，仮説②が誤りと判断する。

このとき，仮説①は正しいと判断できる。

○$p > p_0$ のときは，仮説②が誤りとはいえないと判断する。このとき，仮説①は正しいかどうか判断できない。

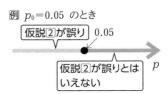

チェック12

実力が同じという評判の卓球部員 A，B が試合を行ったところ，A が5連勝した。右の度数分布表は，表裏の出方が同様に確からしいコイン1枚を5回投げる操作を，1000セット行った結果である。これを用いて，「A の方が B より実力が上」という仮説が正しいかどうか，基準となる確率を5％として仮説検定せよ。

表の枚数	セット数
5	34
4	153
3	322
2	311
1	150
0	30
計	1000

[解答] 仮説①「A の方が B より実力が上」に対し，仮説②「A，B の実力は同じ」とする。
A が5連勝する確率は，コインを5回投げたとき，5回とも表が出る確率に等しい。度数分布表より，5回とも表が出たのは 1000 セット中 ⁷□□□ セットであり，その相対度数は ⁱ□□□

ゆえに，A が5連勝する確率は ᵁ□□□ ％ と考えられ，基準となる確率5％

ᴱ | より大きい・以下である |。

よって，「A，B の実力は同じ」という仮説②は

ᴼ | 誤りと判断する・誤りとはいえないと判断する |。

すなわち，「A の方が B より実力が上」という仮説①は

ᴷ | 正しいと判断できる・正しいかどうか判断できない |。

31 右の度数分布表は，表裏の出方が同様に確からしいコイン 1 枚を 10 回投げる操作を，1000 セット行った結果である。これを用いて，次の仮説が正しいかどうか，基準となる確率を 5 ％ として仮説検定せよ。

(1) ある 1 枚のコインを繰り返し 10 回投げたところ，すべて裏が出た。
　　仮説「このコインは正しく作られていない」

表の枚数	回数
0	2
1	9
2	45
3	117
4	207
5	247
6	202
7	117
8	43
9	10
10	1
計	1000

(2) 実力が同じという評判のテニス部員 A，B が 10 回試合を行ったところ，A が 3 勝もできなかった。（2 勝以下だった）
　　仮説「B の方が A より実力が上」

32 5 本中 3 本が当たり（当たる確率が 0.6）というくじを 8 回ひいたところ，そのうち 2 回で当たりが出た。このとき，「このくじの当たりの本数は，5 本中 3 本より少ない」という仮説が正しいかどうか，基準となる確率を 5 ％ として仮説検定せよ。ただし，当たる確率が 0.6 のくじを 8 回ひいたときの当たりの本数の相対度数は右の表のようになるものとする。

当たりの本数	相対度数
0	0.000655
1	0.007864
2	0.041288
3	0.123863
4	0.232243
5	0.278692
6	0.209019
7	0.089580
8	0.016796
計	1.000000

13 変量の変換

① 変量 $u = ax + b$ の平均値と分散・標準偏差

a, b を定数とする。変量 x のデータについて，平均値を $\bar{x}$，分散を $s_x{}^2$，標準偏差を s_x とするとき，変量 $u = ax + b$ について

平均値 $\bar{u} = a\bar{x} + b$

分散 $s_u{}^2 = a^2 s_x{}^2$ 　　標準偏差 $s_u = |a| s_x$

チェック 13

右の表は，ある高校の生徒 5 人の小テスト x の得点である。ここで，

番号	①	②	③	④	⑤
x	10	4	2	6	8

(点)

x の得点を 2 倍して 3 点を加えた新たな変量 $2x + 3$ を u とする。
変量 x の平均値を $\bar{x}$，分散を $s_x{}^2$，変量 u の平均値を $\bar{u}$，分散を $s_u{}^2$ とするとき，次の量の関係を調べてみよう。

(1)平均値 $\bar{x}$ と平均値 $\bar{u}$　(2)分散 $s_x{}^2$ と分散 $s_u{}^2$　(3)標準偏差 s_x と標準偏差 s_u

解答 (1) $u = 2x + 3$ であるから

番号	①	②	③	④	⑤
x	10	4	2	6	8
$u = 2x + 3$	23	11	7	15	19

(点)

$$\bar{u} = \frac{1}{5}\{(2 \times 10 + 3)$$
$$+ (2 \times 4 + 3)$$
$$+ (2 \times 2 + 3) + (2 \times 6 + 3) + (2 \times 8 + 3)\}$$
$$= \frac{1}{5}\{2(10 + 4 + 2 + 6 + 8) + 5 \times 3\}$$
$$= 2 \times \frac{1}{5}(10 + 4 + 2 + 6 + 8) + 3$$

ここで，$\bar{x} = \frac{1}{5}(10 + 4 + 2 + 6 + 8)$ であるから

$$\bar{u} = \boxed{}\,\bar{x} + \boxed{} \text{ が成り立つ。}$$

(2) 変量 u の偏差は　$u - \bar{u} = (2x + 3) - (2\bar{x} + 3) = 2(x - \bar{x})$
であり，分散は偏差の 2 乗の平均値であるから

$$s_u{}^2 = \frac{1}{5}[\{2(10 - \bar{x})\}^2 + \{2(4 - \bar{x})\}^2 + \{2(2 - \bar{x})\}^2 + \{2(6 - \bar{x})\}^2 + \{2(8 - \bar{x})\}^2]$$

$$= 2^2 \times \frac{1}{5}\{(10 - \bar{x})^2 + (4 - \bar{x})^2 + (2 - \bar{x})^2 + (6 - \bar{x})^2 + (8 - \bar{x})^2\}$$

ここで $s_x{}^2 = \frac{1}{5}\{(10 - \bar{x})^2 + (4 - \bar{x})^2 + (2 - \bar{x})^2 + (6 - \bar{x})^2 + (8 - \bar{x})^2\}$

であるから　$s_u{}^2 = \boxed{}\,s_x{}^2$ が成り立つ。

(3) 標準偏差 s_u は分散 $s_u{}^2$ の正の平方根であるから

$$s_u = \sqrt{s_u{}^2} = \sqrt{2^2 s_x{}^2} = \boxed{}\,s_x \text{ が成り立つ。}$$

33 変量 x のデータについて，平均値 $\bar{x} = 6$，分散 $s_x{}^2 = 8$ である。このとき，次の式によって得られる新しい変量 u の平均値 $\bar{u}$，分散 $s_u{}^2$ および標準偏差 s_u を求めよ。ただし，標準偏差については根号 $\sqrt{}$ のままでよい。

(1) $u = 3x + 2$

(2) $u = -5x + 3$

34 大きさが 10 である変量 x のデータが次のように与えられている。

174, 170, 168, 176, 164, 178, 172, 182, 162, 174

変量 u のデータが $u = \dfrac{x - 170}{2}$ によって得られるとき，次の問いに答えよ。ただし，標準偏差については根号 $\sqrt{}$ のままでよい。

(1) 次の表を完成させ，表を用いて変量 u の平均値 $\bar{u}$，分散 $s_u{}^2$ および標準偏差 s_u を求めよ。

x	174	170	168	176	164	178	172	182	162	174	計
u											
u^2											

(2) (1)の結果を用いて，変量 x の平均値 $\bar{x}$，分散 $s_x{}^2$ および標準偏差 s_x を求めよ。

参考

2 つの変量 x，y の共分散を s_{xy} とするとき，

2 つの変量 $u = ax + b$，y の共分散 s_{uy} は $\quad s_{uy} = as_{xy}$

相関係数は $\quad a > 0$ のとき $\quad r' = r$

$\qquad\qquad\quad a < 0$ のとき $\quad r' = -r$

$\leftarrow r' = \dfrac{s_{uy}}{s_u s_y} = \dfrac{as_{xy}}{as_x s_y} = \dfrac{s_{xy}}{s_x s_y}$

14 あわせたデータの平均値と分散

① 2つ以上のデータをあわせた全体のデータの分析

2つのデータ A，B のそれぞれの平均値と分散から，A と B をあわせた全体のデータの平均値と分散を求めるには，A，B それぞれのデータの値の和と，値の2乗の和を利用する。

チェック 14

右の表は，A 組，B 組で行った英語の小テストの結果である。このとき，A と B の2組をあわせた 20 人の得点の平均値，分散を求めよ。

	人数	平均値	分散
A	12	5	9
B	8	10	4

(点)

ポイント　2つのデータをあわせたデータ全体の値の和，値の2乗の和を求める。

注意　大きさが異なる2つのデータの平均値を足して2で割った値は，全体の平均値とはならない。

解答　A 組 12 人の得点を a_1，a_2，……，a_{12}，B 組 8 人の得点を b_1，b_2，……，b_8 とする。

A 組の平均値が 5 であるから，

$$\frac{1}{12}(a_1 + a_2 + \cdots + a_{12}) = \boxed{}^{ア} \quad \text{より} \quad a_1 + a_2 + \cdots + a_{12} = \boxed{}^{イ}$$

B 組の平均値が 10 であるから，

$$\frac{1}{8}(b_1 + b_2 + \cdots + b_8) = \boxed{}^{ウ} \quad \text{より} \quad b_1 + b_2 + \cdots + b_8 = \boxed{}^{エ}$$

20 人の得点の和が $\boxed{}^{オ}$ であるから，平均値は $\boxed{}^{カ}$ 点となる。

また，A 組の平均値が 5，分散が 9 であるから

$$\frac{1}{12}(a_1^2 + a_2^2 + \cdots + a_{12}^2) - 5^2 = \boxed{}^{キ} \quad \text{より}$$

$$a_1^2 + a_2^2 + \cdots + a_{12}^2 = \boxed{}^{ク}$$

B 組の平均値が 10，分散が 4 であるから

$$\frac{1}{8}(b_1^2 + b_2^2 + \cdots + b_8^2) - 10^2 = \boxed{}^{ケ} \quad \text{より}$$

$$b_1^2 + b_2^2 + \cdots + b_8^2 = \boxed{}^{コ}$$

ゆえに，20 人の得点の2乗の和は $\boxed{}^{サ}$ より，2乗の平均値は $\boxed{}^{シ}$

したがって，20 人の得点の分散は $\boxed{}^{ス}$ となる。

35 右の表は，A組，B組で行った数学の小テストの結果である。このとき，AとBの2組をあわせた20人の得点の平均値，分散を求めよ。

	人数	平均値	分散
A	15	8	9
B	5	4	5

(点)

36 右の表は，3つの組A，B，Cで行った数学の小テストの結果である。このとき，AとBとCの3組をあわせた50人の得点の平均値，分散を求めよ。

	人数	平均値	分散
A	25	8	4
B	15	10	2
C	10	5	12

(点)

37 はじめに調査した大きさが20のデータは，平均値が9，分散が20であった。このデータに，新たに右の表で得られた大きさが10のデータを追加した。このとき，大きさが30となる全体のデータの平均値，分散を求めよ。

階級値 x	度数 f
5	3
10	1
15	5
20	1
計	10

チャレンジ問題

1 2016 年センター試験

次の 3 つの散布図は，東京，O 市，N 市，M 市の 2013 年の 365 日の各日の最高気温のデータをまとめたものである。それぞれ，O 市，N 市，M 市の最高気温を縦軸にとり，東京の最高気温を横軸にとってある。

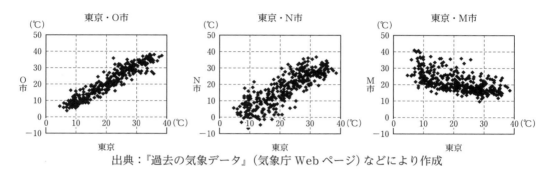

出典：『過去の気象データ』（気象庁 Web ページ）などにより作成

次の⓪～④のうち，これらの散布図から読み取れることとして正しいものは，| ア |と| イ |である。

| ア |，| イ |の解答群（解答の順序は問わない。）

⓪ 東京と N 市，東京と M 市の最高気温の間にはそれぞれ正の相関がある。

① 東京と N 市の最高気温の間には正の相関，東京と M 市の最高気温の間には負の相関がある。

② 東京と N 市の最高気温の間には負の相関，東京と M 市の最高気温の間には正の相関がある。

③ 東京と O 市の最高気温の間の相関の方が，東京と N 市の最高気温の間の相関より強い。

④ 東京と O 市の最高気温の間の相関の方が，東京と N 市の最高気温の間の相関より弱い。

2 **2021年共通テスト**

　各都道府県の就業者数の内訳として男女別の就業者数が発表されている。そこで，就業者数に対する男性・女性の就業者数の割合をそれぞれ「男性の就業者数割合」，「女性の就業者数割合」と呼ぶことにし，これらを都道府県別に算出した。次の図は，2015年度における都道府県別の，第1次産業の就業者数割合（横軸）と，男性の就業者数割合（縦軸）の散布図である。

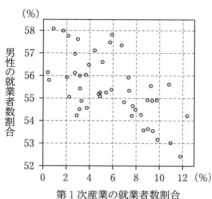

第1次産業の就業者数割合
出典：総務省のWebページにより作成

　各都道府県の，男性の就業者数と女性の就業者数を合計すると就業者数の全体となることに注意すると，2015年度における都道府県別の，第1次産業の就業者数割合（横軸）と，女性の就業者数割合（縦軸）の散布図は　ア　である。

　　ア　については，最も適当なものを，下の⓪～③のうちから一つ選べ。なお，設問の都合で各散布図の横軸と縦軸の目盛りは省略しているが，横軸は右方向，縦軸は上方向がそれぞれ正の方向である。

⓪
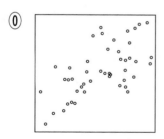

①
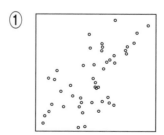

②
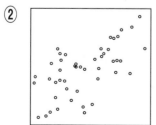

③
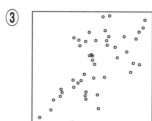

ア

3 2021年共通テスト

　三つの産業から二つずつを組み合わせて都道府県別の就業者数割合の散布図を作成した。

　図1の散布図群は，左から順に1975年度における第1次産業（横軸）と第2次産業（縦軸）の散布図，第2次産業（横軸）と第3次産業（縦軸）の散布図，および第3次産業（横軸）と第1次産業（縦軸）の散布図である。また，図2は同様に作成した2015年度の散布図群である。

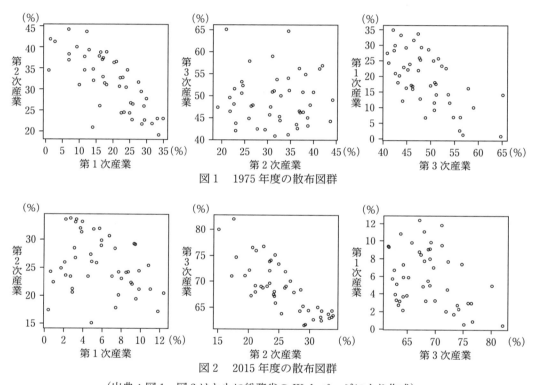

図1　1975年度の散布図群

図2　2015年度の散布図群

（出典：図1，図2はともに総務省のWebページにより作成）

　下の(I), (II), (III)は，1975 年度を基準としたときの，2015 年度の変化を記述したものである。ただし，ここで「相関が強くなった」とは，相関係数の絶対値が大きくなったことを意味する。

(I)　都道府県別の第 1 次産業の就業者数割合と第 2 次産業の就業者数割合の間の相関は強くなった。

(II)　都道府県別の第 2 次産業の就業者数割合と第 3 次産業の就業者数割合の間の相関は強くなった。

(III)　都道府県別の第 3 次産業の就業者数割合と第 1 次産業の就業者数割合の間の相関は強くなった。

　(I), (II), (III)の正誤の組合せとして正しいものは ┃ ア ┃ である。

┃ ア ┃ の解答群

チャレンジ問題

	⓪	①	②	③	④	⑤	⑥	⑦
(I)	正	正	正	正	誤	誤	誤	誤
(II)	正	正	誤	誤	正	正	誤	誤
(III)	正	誤	正	誤	正	誤	正	誤

┃ ア ┃

4 **2019年センター試験**

　気象庁は，全国各地の気象台が観測した「ソメイヨシノの開花日」を発表している。気象庁発表の日付は普通の月日形式であるが，この問題では該当する年の1月1日を「1」とし，12月31日を「365」（うるう年の場合は「366」）とする「年間通し日」に変更している。例えば，2月3日は，1月31日の「31」に2月3日の3を加えた「34」となる。

　図1は全国48地点で観測しているソメイヨシノの2012年から2017年までの6年間の開花日を，年ごとに箱ひげ図にして並べたものである。

　図2はソメイヨシノの開花日の年ごとのヒストグラムである。ただし，順番は年の順に並んでいるとは限らない。なお，ヒストグラムの各階級の区間は，左側の数値を含み，右側の数値を含まない。

　　・2013年のヒストグラムは ┃ ア ┃ で，2017年のヒストグラムは ┃ イ ┃ である。

　　┃ ア ┃，┃ イ ┃ に当てはまるものを，図2の⓪～⑤のうちから一つずつ選べ。

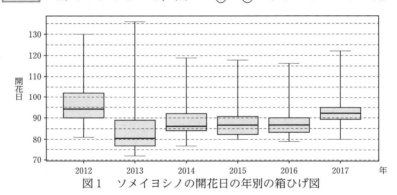

図1　ソメイヨシノの開花日の年別の箱ひげ図

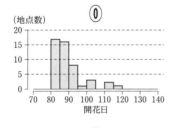
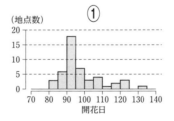
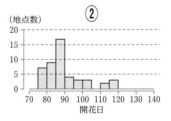
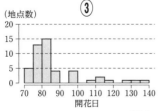
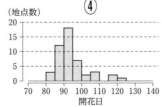
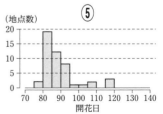

図2　ソメイヨシノの開花日の年別のヒストグラム

（出典：図1，図2は気象庁「生物季節観測データ」Webページにより作成）

ア	イ

5 **2020 年センター試験**

次の図は，平成 27 年の男の都道府県別平均寿命と女の都道府県別平均寿命の散布図である。2 個の点が重なって区別できない所は黒丸にしている。図には補助的に切片が 5.5 から 7.5 まで 0.5 刻みで傾き 1 の直線を 5 本付加している。

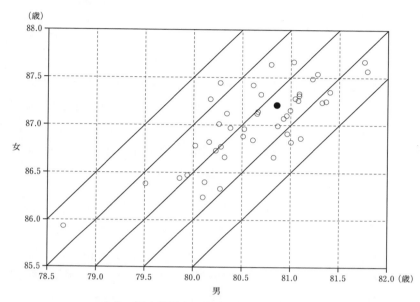

出典：厚生労働省の Web ページにより作成

都道府県ごとに男女の平均寿命の差をとったデータに対するヒストグラムは ［ ア ］ である。なお，ヒストグラムの各階級の区間は，左側の数値を含み，右側の数値を含まない。

［ ア ］ に当てはまるものを，下の ⓪〜③ のうちから一つ選べ。

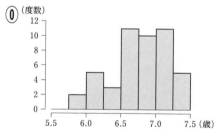

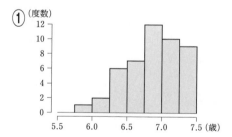

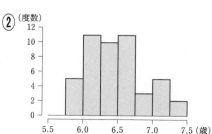

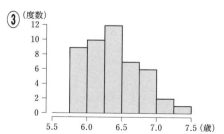

ア

6 2018 年センター試験

　ある陸上競技大会に出場した選手の身長（単位は cm）と体重（単位は kg）のデータが得られた。男子短距離，男子長距離，女子短距離，女子長距離の四つのグループに分けると，それぞれのグループの選手数は，男子短距離が 328 人，男子長距離が 271 人，女子短距離が 319 人，女子長距離が 263 人である。

　身長を H，体重を W とし，X を $X = \left(\dfrac{H}{100}\right)^2$ で，Z を $Z = \dfrac{W}{X}$ で定義する。次ページの図 1 は，男子短距離，男子長距離，女子短距離，女子長距離の四つのグループにおける X と W のデータの散布図である。ただし，原点を通り，傾きが 15，20，25，30 である四つの直線 l_1，l_2，l_3，l_4 も補助的に描いている。また，次ページの図 2 の (a)，(b)，(c)，(d) で示す Z の四つの箱ひげ図は，男子短距離，男子長距離，女子短距離，女子長距離の四つのグループのいずれかの箱ひげ図に対応している。

　図 1 および図 2 から読み取れる内容として正しいものは，$\boxed{\text{ア}}$，$\boxed{\text{イ}}$ である。

$\boxed{\text{ア}}$，$\boxed{\text{イ}}$ の解答群（解答の順序は問わない。）

⓪　四つのグループのすべてにおいて，X と W には負の相関がある。

①　四つのグループのうちで Z の中央値が一番大きいのは，男子長距離グループである。

②　四つのグループのうちで Z の範囲が最小なのは，男子長距離グループである。

③　四つのグループのうちで Z の四分位範囲が最小なのは，男子短距離グループである。

④　女子長距離グループのすべての Z の値は 25 より小さい。

⑤　男子長距離グループの Z の箱ひげ図は (c) である。

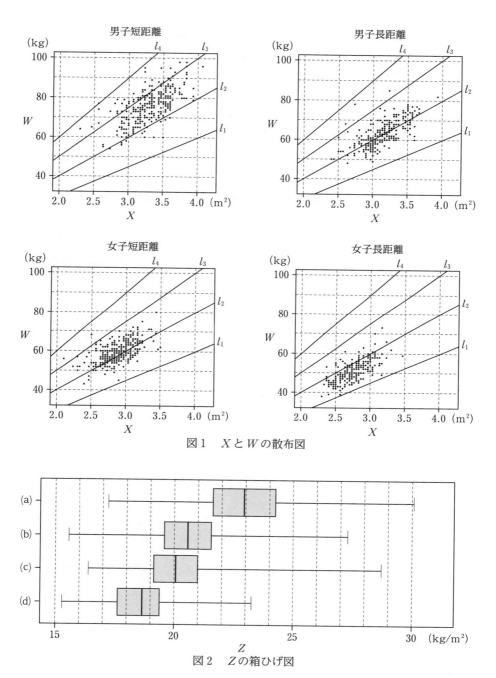

図1　XとWの散布図

図2　Zの箱ひげ図

（出典：図1, 図2はガーディアン社の Web ページにより作成）

チャレンジ問題

ア　イ

7 2020 年センター試験

99 個の観測値からなるデータがある。四分位数について述べた記述で，どのようなデータでも成り立つものは $\boxed{\text{ア}}$ と $\boxed{\text{イ}}$ である。

$\boxed{\text{ア}}$，$\boxed{\text{イ}}$ の解答群

⓪ 平均値は第 1 四分位数と第 3 四分位数の間にある。

① 四分位範囲は標準偏差より大きい。

② 中央値より小さい観測値の個数は 49 個である。

③ 最大値に等しい観測値を 1 個削除しても第 1 四分位数は変わらない。

④ 第 1 四分位数より小さい観測値と，第 3 四分位数より大きい観測値とをすべて削除すると，残りの観測値の個数は 51 個である。

⑤ 第 1 四分位数より小さい観測値と，第 3 四分位数より大きい観測値とをすべて削除すると，残りの観測値からなるデータの範囲はもとのデータの四分位範囲に等しい。

8 2018 年センター試験

n を自然数とする。実数値のデータ x_1, x_2, $\cdots$, x_n および w_1, w_2, $\cdots$, w_n に対して，それぞれの平均値を

$$\overline{x} = \frac{x_1 + x_2 + \cdots + x_n}{n}, \qquad \overline{w} = \frac{w_1 + w_2 + \cdots + w_n}{n}$$

とおく。等式 $(x_1 + x_2 + \cdots + x_n)\overline{w} = n\overline{x}\,\overline{w}$ などに注意すると，偏差の積の和は

$$(x_1 - \overline{x})(w_1 - \overline{w}) + (x_2 - \overline{x})(w_2 - \overline{w}) + \cdots + (x_n - \overline{x})(w_n - \overline{w})$$
$$= x_1 w_1 + x_2 w_2 + \cdots + x_n w_n - \boxed{\text{ア}}$$

となることがわかる。

$\boxed{\text{ア}}$ の解答群

⓪ $\overline{x}\,\overline{w}$ ① $(\overline{x}\,\overline{w})^2$ ② $n\overline{x}\,\overline{w}$ ③ $n^2\overline{x}\,\overline{w}$

$\boxed{\text{ア}}$

9 **2016 年センター試験**

N市では温度の単位として摂氏 (℃) のほかに華氏 (℉) も使われている。華氏 (℉) での温度は，摂氏 (℃) での温度を $\frac{9}{5}$ 倍し，32 を加えると得られる。例えば，摂氏 10℃ は，$\frac{9}{5}$ 倍し 32 を加えることで華氏 50℉ となる。

したがって，N市の最高気温について，摂氏での分散を X，華氏での分散を Y とすると，$\frac{Y}{X}$ は ア になる。

東京 (摂氏) とN市 (摂氏) の共分散を Z，東京 (摂氏) とN市 (華氏) の共分散を W とすると，$\frac{W}{Z}$ は イ になる (ただし，共分散は 2 つの変量のそれぞれの偏差の積の平均値)。

東京 (摂氏) とN市 (摂氏) の相関係数を U，東京 (摂氏) とN市 (華氏) の相関係数を V とすると，$\frac{V}{U}$ は ウ になる。

ア 〜 ウ の解答群

⓪ $-\dfrac{81}{25}$　　① $-\dfrac{9}{5}$　　② -1　　③ $-\dfrac{5}{9}$　　④ $-\dfrac{25}{81}$

⑤ $\dfrac{25}{81}$　　⑥ $\dfrac{5}{9}$　　⑦ 1　　⑧ $\dfrac{9}{5}$　　⑨ $\dfrac{81}{25}$

チャレンジ問題

ア	イ	ウ

10 **2019年センター試験**

　一般に n 個の数値 x_1, x_2, $\cdots$, x_n からなるデータ X の平均値を $\bar{x}$, 分散を s^2, 標準偏差を s とする。各 x_i に対して

$$x_i' = \frac{x_i - \bar{x}}{s} \quad (i = 1, 2, \cdots, n)$$

と変換した x_1', x_2', $\cdots$, x_n' をデータ X' とする。ただし，$n \geqq 2$, $s > 0$ とする。

・X の偏差 $x_1 - \bar{x}$, $x_2 - \bar{x}$, $\cdots$, $x_n - \bar{x}$ の平均値は ア である。

・X' の平均値は イ である。

・X' の標準偏差は ウ である。

ア ～ ウ の解答群

⓪ 0　　　　① 1　　　　② -1　　　　③ $\bar{x}$　　　　④ s

⑤ $\dfrac{1}{s}$　　　　⑥ s^2　　　　⑦ $\dfrac{1}{s^2}$　　　　⑧ $\dfrac{\bar{x}}{x}$

ア	イ	ウ

1 データの整理

チェック1

(1)

階級（点）以上〜未満	階級値	度数（人）
0 〜 10	5	0
10 〜 20	15	1
20 〜 30	25	1
30 〜 40	35	1
40 〜 50	45	3
50 〜 60	55	3
60 〜 70	65	4
70 〜 80	75	5
80 〜 90	85	2
90 〜 100	95	0
計		20

(2)
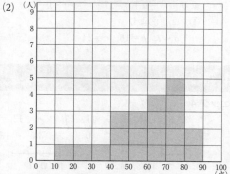

1

階級（m）以上〜未満	階級値	度数（人）
25 〜 30	27.5	7
30 〜 35	32.5	5
35 〜 40	37.5	4
40 〜 45	42.5	3
45 〜 50	47.5	1
計		20

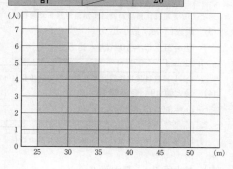

2

(1)

階級（cm）以上〜未満	階級値	度数（人）
160 〜 165	162.5	1
165 〜 170	167.5	7
170 〜 175	172.5	10
175 〜 180	177.5	5
180 〜 185	182.5	2
計		25

(2) ア　$7+10+5=22$

(3) イ　$2+1=3$

　　ウ　$2+5=7$

2 代表値

チェック2

階級値 x	度数 f	xf
3	4	12
4	6	24
5	7	35
6	2	12
7	1	7
計	20	90

ア　90　　イ　4.5　　ウ　20　　エ　10

オ　4　　カ　11　　キ　5　　ク　4.5

ケ　5

3

(1) 平均値　$\dfrac{90}{9}=10$

　　中央値　9

(2) 平均値　$\dfrac{125}{10}=12.5$

　　中央値　$\dfrac{11+12}{2}=11.5$

4

階級（分） 以上～未満	階級値 x	度数 f	xf
0 ~ 10	5	3	15
10 ~ 20	15	5	75
20 ~ 30	25	7	175
30 ~ 40	35	10	350
40 ~ 50	45	5	225
計		30	840

平均値　$\dfrac{840}{30}=28$（分）

中央値　$\dfrac{25+35}{2}=30$（分）

最頻値　35（分）

5　条件より

$$a+b+c+10=20$$
$$0+a+4+3b+4c+15=2.2\times20$$

よって

$$a+b+c=10 \quad\cdots\cdots①$$
$$a+3b+4c=25 \quad\cdots\cdots②$$

②－①より　　$2b+3c=15$

ここで，b，c は 0 以上の整数で，b が最頻値となる
から　　$b\geqq6$
よって　　$b=6$，$c=1$
①より　　$a=3$
したがって　　$a=3$，$b=6$，$c=1$

3 四分位数

チェック3

ア　-1，1，2，3，5，6，7，9
イ　9　ウ　-1　エ　10
オ　8　カ　4　　キ　5
ク　4　ケ　-1，1，2，3　　コ　1.5
サ　5，6，7，9　シ　6.5　ス　5

6　(1)　データを小さい方から順に並べると
0，2，2，4，5，6，9
範囲　　$9-0=9$
$Q_2=4$，$Q_1=2$，$Q_3=6$，
四分位範囲　　$6-2=4$

(2)　データを小さい方から順に並べると
41，41，54，58，59，61，63，67，70
範囲　　$70-41=29$
$Q_2=59$，$Q_1=47.5$，$Q_3=65$，
四分位範囲　　$65-47.5=17.5$

(3)　データを小さい方から順に並べると
-13，-12，-5，11，13，14，15，17，17，20
範囲　　$20-(-13)=33$，
$Q_2=13.5$，$Q_1=-5$，$Q_3=17$，
四分位範囲　　$17-(-5)=22$

(4)　データを小さい方から順に並べると

22，22，33，35，37，38，38，39，41，42，43，45
範囲　　$45-22=23$，
$Q_2=38$，$Q_1=34$，$Q_3=41.5$，
四分位範囲　　$41.5-34=7.5$

7　(1)　$3+5+6+7+7+a+10+b+13+14=8.4\times10$
より　　$a+b=19$
$Q_1=6$，$Q_3=b$ より　　$b-6=6$
ゆえに　$b=12$
よって　　$a=7$，$b=12$

(2)　$Q_2=b$ より　　$b=16$　$\cdots\cdots①$
$2+3+5+a+8+10+b+20+21+22+c+27+30$
$=15\times13$
より　　$a+b+c=47$　$\cdots\cdots②$
$$Q_1=\frac{5+a}{2}，\quad Q_3=\frac{22+c}{2}$$
より　　$Q_3-Q_1=\dfrac{c-a+17}{2}$
ここで　　$Q_3-Q_1=17$ であるから
$c-a+17=34$
より　　$-a+c=17$　$\cdots\cdots③$
①，②，③より
$a=7$，$b=16$，$c=24$

4 箱ひげ図

チェック4

ア　2，3，4，5，7，9，11，13　　イ　13
ウ　2　エ　11　オ　6　カ　3.5　キ　10

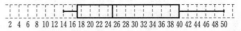

8　(1)　最大値 50，最小値 14，
$Q_2=25$，$Q_1=17$，$Q_3=40$

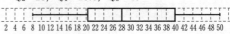

(2)　最大値 50，最小値 8，
$Q_2=28$，$Q_1=20.5$，$Q_3=40$

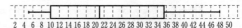

(3)　最大値 48，最小値 5，
$Q_2=21$，$Q_1=10$，$Q_3=35.5$

(4)　最大値 49，最小値 18，
$Q_2=34$，$Q_1=23$，$Q_3=42$

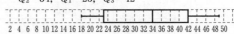

9　(1)　最小値 3　最大値 9
$Q_1=4$，$Q_2=6$，$Q_3=7$

(2)　範囲　　$9-3=6$
四分位範囲　　$7-4=3$

(3) データの大きさが 11 であるから，四分位数は，
それぞれ小さい方から

Q_1：3 番目

Q_2：6 番目

Q_3：9 番目

の値である。

ア　$b=Q_1$ であるから　　4

イ　$e=Q_2$ であるから　　6

ウ　$h=Q_3$ であるから　　7

c は　エ　4　以上　オ　6　以下の整数

i は　カ　7　以上　キ　9　以下の整数

5 箱ひげ図とデータの分布

チェック 5

ア　30　　イ　40　　ウ　20　　エ　50

オ　40　　カ　80　　キ　20

ク　読み取れない　　ケ　①, ②, ③

10　①：第 2 四分位数が 60 点を超えているので，60 点
以下の生徒が 40 人いるかどうか読み取れない。

②：第 3 四分位数が 70 点以上であるから，20 人以
上は 70 点以上であることが読み取れる。

③：第 1 四分位数が 40 点以上 50 点以下であるから，
50 点以上の生徒が 60 人以上いるかどうか読み取
れない。

以上より　　②

11　①：四分位範囲$=Q_3-Q_1$ であるから，B 組が A 組
よりも四分位範囲は小さい。よって正しい。

②：A 組では $Q_2=170$ であるから，少なくとも半
数が 170 cm 以下である。B 組では Q_3 が 170 cm
より小さいから，少なくとも $\frac{3}{4}$ が 170 cm より

小さい。

よって，②は正しくない。

③：上記②の読み取りより，正しい。

④：この箱ひげ図からは平均値は読み取れない。

以上より　　①, ③

12　国語　$Q_1=40$, $Q_2=60$, $Q_3=70$

数学　$Q_1=40$　$Q_2\fallingdotseq 55$, $Q_3=60$

英語　$Q_1=50$, $Q_2=60$, $Q_3=80$

データの大きさが 100 であるから

Q_1 は 25 番目と 26 番目の平均値

Q_2 は 50 番目と 51 番目の平均値

Q_3 は 75 番目と 76 番目の平均値

である。したがって，

①ア　60　　②イ　50　　ウ　75　　③エ　40

④オ　25

6 箱ひげ図とヒストグラム

チェック 6

ア　25　　イ　26　　ウ　26　　エ　27

オ　27　　カ　28　　キ　8　　ク　15

ケ　16　　コ　23　　サ　(ウ)

13　ヒストグラムから，次のことが読み取れる。

● 最小値は 5 以上 10 未満の階級に属し，最大値は
45 以上 50 未満の階級に属する。

● データの大きさが 40 であるから

Q_1 は小さい方から 10 番目と 11 番目の平均値で，
属する階級は 15 以上 20 未満

Q_2 は小さい方から 20 番目と 21 番目の平均値で，
属する階級は 20 以上 25 未満

Q_3 は 30 番目と 31 番目の平均値で，属する階級
は 25 以上 30 未満

したがって，ヒストグラムと矛盾しない箱ひげ図は
(イ), (ウ)

14　最大値，最小値が属する階級，および四分位数が属
する階級をヒストグラムから調べればよい。

よって

札幌：(イ)　　那覇：(ア)　　神戸：(ウ)

7 外れ値

チェック 7

ア　60　　イ　80　　ウ　20　　エ　30

オ　小さい　　カ　である　　キ　110

ク　小さい　　ケ　でない

15　(1) 第 1 四分位数 $Q_1=12$，第 3 四分位数 $Q_3=16$
より

$$Q_3-Q_1=16-12=4$$

よって

$$Q_1-(Q_3-Q_1)\times 1.5=12-6=6$$
$$Q_3+(Q_3-Q_1)\times 1.5=16+6=22$$

$6<10$, $22<23$ であるから，

10 は外れ値でない。23 は外れ値である。

(2) 第 1 四分位数 $Q_1=20$，第 3 四分位数 $Q_3=30$
より

$$Q_3-Q_1=30-20=10$$

よって

$$Q_1-(Q_3-Q_1)\times 1.5=20-15=5$$
$$Q_3+(Q_3-Q_1)\times 1.5=30+15=45$$

$2<5$, $35<45$ であるから，

2 は外れ値。35 は外れ値でない。

16　(1) 第 1 四分位数 $Q_1=6$，第 3 四分位数 $Q_3=10$
より

$Q_3 - Q_1 = 10 - 6 = 4$

ゆえに　　$Q_1 - (Q_3 - Q_1) \times 1.5 = 6 - 6 = 0$

　　　　　$Q_3 + (Q_3 - Q_1) \times 1.5 = 10 + 6 = 16$

よって，0 以下，16 以上の値が外れ値である。

したがって　20, 40

(2) 第 1 四分位数 $Q_1 = 13$，第 3 四分位数 $Q_3 = 30$
より

　　　　　$Q_3 - Q_1 = 30 - 13 = 17$

ゆえに　　$Q_1 - (Q_3 - Q_1) \times 1.5 = 13 - 25.5 = -12.5$

　　　　　$Q_3 + (Q_3 - Q_1) \times 1.5 = 30 + 25.5 = 55.5$

よって，−12.5 以下，55.5 以上の値が外れ値である。

したがって　80

17 $Q_1 \leqq Q_3$ であるから　　$10 \leqq k$　　　……①

$25 > 10 = Q_1$ であるから，25 は第 3 四分位数より大きい外れ値である。

すなわち　　$25 > k$　　　……②

ここで　　$Q_3 + (Q_3 - Q_1) \times 1.5 = k + (k - 10) \times 1.5$

ゆえに，25 が外れ値であるとき

　　　　　$k + (k - 10) \times 1.5 \leqq 25$

　　　　　　　　　　$2.5k \leqq 40$

　　　　　　　　　　　$k \leqq 16$　　　……③

①，②，③より，求める範囲は　　$10 \leqq k \leqq 16$

8　分散・標準偏差

チェック8

ア　9　　イ　84　　ウ　14　　エ　$\sqrt{14}$

オ　95　　カ　9　　キ　14　　ク　$\sqrt{14}$

	x	$x - \overline{x}$	$(x - \overline{x})^2$		x	x^2
	4	−5	25		4	16
	6	−3	9		6	36
	7	−2	4		7	49
	10	1	1		10	100
	12	3	9		12	144
	15	6	36		15	225
計	54		84	計		570

18 (1)

	x	$x - \overline{x}$	$(x - \overline{x})^2$		x	x^2
	1	−4	16		1	1
	3	−2	4		3	9
	4	−1	1		4	16
	7	2	4		7	49
	10	5	25		10	100
計	25		50	計		175

$\overline{x} = \dfrac{25}{5} = 5$

① $s^2 = \dfrac{50}{5} = 10$，$s = \sqrt{10}$

② $s^2 = \dfrac{175}{5} - 5^2 = 10$，$s = \sqrt{10}$

(2)

	x	$x - \overline{x}$	$(x - \overline{x})^2$		x	x^2
	−5	−9	81		−5	25
	−3	−7	49		−3	9
	0	−4	16		0	0
	1	−3	9		1	1
	4	0	0		4	16
	5	1	1		5	25
	7	3	9		7	49
	9	5	25		9	81
	10	6	36		10	100
	12	8	64		12	144
計	40		290	計		450

$\overline{x} = \dfrac{40}{10} = 4$

① $s^2 = \dfrac{290}{10} = 29$，$s = \sqrt{29}$

② $s^2 = \dfrac{450}{10} - 4^2 = 29$，$s = \sqrt{29}$

19 $\overline{x} = \dfrac{30}{5} = 6$，$\overline{x^2} = \dfrac{220}{5} = 44$

$\overline{y} = \dfrac{30}{5} = 6$，$\overline{y^2} = \dfrac{240}{5} = 48$

$s_x{}^2 = 44 - 6^2 = 8$

$s_y{}^2 = 48 - 6^2 = 12$

よって

　　　　$s_x = \sqrt{8} = 2\sqrt{2}$，$s_y = \sqrt{12} = 2\sqrt{3}$

となる。$s_x < s_y$ であるから，B の方が散らばりの度合いが大きい。

20 変量の合計値は変わらないから，平均値は　変わらない。

y のデータは x のデータよりも平均値からの散らばりが小さいので，y の分散は x の分散に対して　小さい。

21 $\dfrac{1}{5}(0^2 + 2^2 + 4^2 + 6^2 + a^2) - \left\{ \dfrac{1}{5}(0 + 2 + 4 + 6 + a) \right\}^2 = 2^2$

より　　　$a^2 - 6a + 9 = 0$

よって　　$(a - 3)^2 = 0$

したがって　　$a = 3$

9　度数分布表と分散・標準偏差

チェック9

ア　250　　イ　25　　ウ　7500　　エ　750

オ　125　　カ　$5\sqrt{5}$

22 (1)

階級値 x	度数 f	xf	$x^2 f$
4	2	8	32
8	4	32	256
12	1	12	144
16	3	48	768
計	10	100	1200

$$\bar{x} = \frac{100}{10} = 10, \quad \overline{x^2} = \frac{1200}{10} = 120$$
$$s^2 = 120 - 10^2 = 20$$
$$s = \sqrt{20} = 2\sqrt{5}$$

(2)

階級値 x	度数 f	xf	$x^2 f$
0	5	0	0
5	2	10	50
10	2	20	200
15	6	90	1350
20	5	100	2000
計	20	220	3600

$$\bar{x} = \frac{220}{20} = 11, \quad \overline{x^2} = \frac{3600}{20} = 180$$
$$s^2 = 180 - 11^2 = 180 - 121 = 59$$
$$s = \sqrt{59}$$

23 度数の合計が 20 であるから　　$a+b+c+3=20$

ゆえに　　$a+b+c=17$　　……①

平均値が 5 のとき　　$\dfrac{1}{20} \times (2a+4b+6c+24) = 5$

ゆえに　　$a+2b+3c=38$　　……②

分散が 3.8 のとき

$$\frac{1}{20}(2^2 a + 4^2 b + 6^2 c + 8^2 \times 3) - 5^2 = 3.8$$

ゆえに　　$a+4b+9c=96$　　……③

よって，次の連立方程式を解けばよい。

$$\begin{cases} a+b+c=17 & ……① \\ a+2b+3c=38 & ……② \\ a+4b+9c=96 & ……③ \end{cases}$$

したがって　　$a=4$, $b=5$, $c=8$

10 散布図

チェック 10

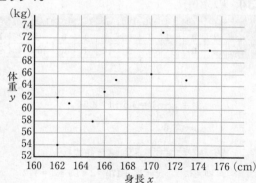

ア　正の相関がある

24

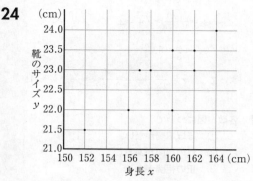

正の相関がある

25 傾きが正の，ある直線上に分布する傾向が強いものを選べばよい。

よって　　③

26 ①：気温差の範囲は 3.5 より小さい。最高気温の範囲は 4 より大きい。よって，正しい。

②：正の相関があるので，最高気温が高いほど，気温差は大きいという傾向にある。よって，誤り。

③：最も右上に位置する点は　　$x \geqq 34$, $y \geqq 6.5$
よって，誤り。

④：データの大きさが 10 であるから，第 3 四分位数は小さい方から 8 番目の値であり，散布図から 33 より小さい。よって正しい。

以上より　　①, ④

11 相関係数

チェック 11

番号	x	y	$x-\bar{x}$	$y-\bar{y}$	$(x-\bar{x})^2$	$(y-\bar{y})^2$	$(x-\bar{x})(y-\bar{y})$
①	6	6	-2	-4	4	16	8
②	10	12	2	2	4	4	4
③	8	10	0	0	0	0	0
④	9	8	1	-2	1	4	-2
⑤	7	14	-1	4	1	16	-4
計	40	50			10	40	6

ア　8　　　イ　10　　　ウ　$\sqrt{2}$　　　エ　$2\sqrt{2}$
オ　1.2　　カ　0.3

27

番号	x	y	$x-\bar{x}$	$y-\bar{y}$	$(x-\bar{x})^2$	$(y-\bar{y})^2$	$(x-\bar{x})(y-\bar{y})$
①	3	7	-1	2	1	4	-2
②	7	5	3	0	9	0	0
③	1	4	-3	-1	9	1	3
④	4	3	0	-2	0	4	0
⑤	5	6	1	1	1	1	1
計	20	25			20	10	2

$$\bar{x} = \frac{20}{5} = 4, \quad \bar{y} = \frac{25}{5} = 5$$

$$s_x=\sqrt{\frac{20}{5}}=\sqrt{4}=2, \quad s_y=\sqrt{\frac{10}{5}}=\sqrt{2}$$

$$s_{xy}=\frac{2}{5}=0.4$$

よって $\quad r=\dfrac{0.4}{2\times\sqrt{2}}=\dfrac{4}{20\sqrt{2}}=\dfrac{\sqrt{2}}{10}=0.141$

28 各散布図について
　　①：ほぼ相関がない。
　　②：負の相関がある。
　　③：正の相関がある。
　　よって　(ア)―①　(イ)―③　(ウ)―②

29 $r=\dfrac{24}{5\times6}=0.8$

30 ①　正しい。
　② $r=1$ または $r=-1$ となるのは，データのすべての値が，ある直線上に存在するときである。よって，誤り。
　③ データのすべての値を a 倍すると，共分散は元の値の a^2 倍，2つの変量の標準偏差は，それぞれ元の値の $|a|$ 倍となる。よって，相関係数は変わらないから正しい。
　④ データのすべての値に定数を加えても，共分散，2つの変量の標準偏差のいずれも元の値から変わらない。よって，誤り。
以上より，正しいものは　　①，③

12 仮説検定の考え方

チェック 12
　ア　34　　イ　0.034　　ウ　3.4
　エ　以下である　　オ　誤りと判断する
　カ　正しいと判断できる

31 (1) 仮説① 「このコインは正しく作られていない」
　　　　仮説② 「コインは正しく作られている」
　　　として考える。
　　　すべて裏になるのは表の出る枚数が 0 枚のときであるから，その相対度数は
$$\frac{2}{1000}=0.002$$
　　　ゆえに，すべて裏になる確率は 0.2 % と考えられ，基準となる確率 5 % 以下である。したがって，仮説②は誤りと判断する。
　　　すなわち，仮説① 「このコインは正しく作られていない」は正しいと判断できる。
　(2) 仮説① 「Bの方がAより実力が上」
　　　仮説② 「BとAの実力は同じ」として考える。
　　　勝ちが 2 回以下となる確率は，コインを投げて表が出る枚数が 2 枚以下となる確率と同じと考えら

れる。その相対度数は $\dfrac{2+9+45}{1000}=\dfrac{56}{1000}=0.056$

ゆえに，確率は 5.6 % と考えられ，基準となる確率 5 % より大きい。したがって，仮説②は誤りとはいえない。すなわち，「Bの方がAより実力が上」が正しいかどうか判断できない。

32 仮説① 「このくじの当たりの本数は 5 本中 3 本より少ない」
仮説② 「このくじの当たりの本数は，5 本中 3 本である」
として考える。
当たりの本数が 2 本以下になる相対度数は
$$0.000655+0.007864+0.041288=0.049807$$
ゆえに，2 本以下になる確率は約 4.98 % と考えられ，基準となる確率 5 % 以下である。
よって，仮説②は誤りと判断する。
すなわち，仮説① 「このくじの当たりの本数は，5 本中 3 本より少ない」は正しいと判断できる。

13 変量の変換

チェック 13
　ア　2　　イ　3　　ウ　4　　エ　2

33 (1) $\overline{u}=3\overline{x}+2=3\times6+2=20$
　　　$s_u{}^2=3^2s_x{}^2=9\times8=72$
　　　$s_u=\sqrt{72}=6\sqrt{2}$　　　　　　　$\leftarrow s_u=|3|s_x=3\times2\sqrt{2}$
　(2) $\overline{u}=-5\overline{x}+3=-5\times6+3=-27$
　　　$s_u{}^2=(-5)^2s_x{}^2=25\times8=200$
　　　$s_u=\sqrt{200}=10\sqrt{2}$　　　　　$\leftarrow s_u=|-5|s_x=5\times2\sqrt{2}$

34 (1)

x	174	170	168	176	164	178	172	182	162	174	計
u	2	0	−1	3	−3	4	1	6	−4	2	10
u^2	4	0	1	9	9	16	1	36	16	4	96

$$\overline{u}=\frac{10}{10}=1$$

$$s_u{}^2=\frac{96}{10}-1^2=9.6-1=8.6$$

$$s_u=\sqrt{8.6}$$

(2) $u=\dfrac{x-170}{2}$ より　$x=2u+170$
　ゆえに　$\overline{x}=2\overline{u}+170=2\times1+170=172$
　　　　　$s_x{}^2=2^2s_u{}^2=4\times8.6=34.4$
　　　　　$s_x=\sqrt{34.4}$　　　　$\leftarrow s_x=|2|\times\sqrt{8.6}=2\sqrt{8.6}$

チェック14

ア	5	イ	60	ウ	10	エ	80
オ	140	カ	7	キ	9	ク	408
ケ	4	コ	832	サ	1240	シ	62
ス	13						

35 平均値　$\dfrac{1}{15+5}(15\times8+5\times4)=\dfrac{140}{20}=7$（点）

分散　$\dfrac{1}{20}\{(9+8^2)\times15+(5+4^2)\times5\}-7^2=60-49$

　　　$=11$

36 平均値　$\dfrac{1}{25+15+10}(25\times8+15\times10+10\times5)$

　　　$=\dfrac{400}{50}=8$（点）

分散　$\dfrac{1}{50}\{(4+8^2)\times25+(2+10^2)\times15$

　　　　　$+(12+5^2)\times10\}-8^2=72-64=8$

37 追加したデータについて，xf，xf^2 を計算すると，次の表のようになる。

x	f	xf	x^2f
5	3	15	75
10	1	10	100
15	5	75	1125
20	1	20	400
計	10	120	1700

よって，大きさが30となる全体のデータについて，

平均値　$\dfrac{1}{20+10}(9\times20+120)=\dfrac{300}{30}=10$

分散　$\dfrac{1}{30}\{(20+9^2)\times20+1700\}-10^2$

　　　$=124-100=24$

チャレンジ問題

1

　3つの散布図から，東京と各市の最高気温について

　　東京とO市の間には　強い正の相関
　　東京とN市の間には　やや弱い正の相関
　　東京とM市の間には　やや弱い負の相関

が見られる。

　よって，正しいものは ^ア　①　，^イ　③　（順不同）

●散布図と相関，相関係数 r

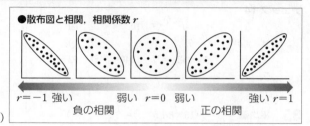

$r=-1$ 強い　　　弱い　$r=0$ 弱い　　　強い $r=1$
負の相関　　　　　　　　　　　　　正の相関

2

　はじめの散布図は

　　横軸が「第1次産業の就業者数割合」，縦軸が「男性の就業者数割合」

であり，選択肢の散布図は

　　横軸が「第1次産業の就業者数割合」，縦軸が「女性の就業者数割合」

であるから，それぞれの散布図は，横軸が同じである。

　ここで，「各都道府県の，男性の就業者数と女性の就業者数を合計すると就業者
数の全体となる」から，二つの散布図において

　　男性と女性の就業者数割合は，50 % を基準に上下対称

となる。

　よって，選択肢の散布図は，はじめの散布図と上下が逆になったような分布で
あればよいから ^ア　②

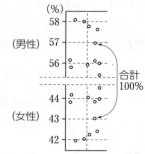

← 点の少ない部分を見るとわかりやすい

3

(I)　第1次産業と第2次産業を比較しているから，図1，図2の左側の散布図どうしを比較する。
　　2015 年度の方が相関は弱くなっているから，誤り。

(II)　第2次産業と第3次産業を比較しているから，図1，図2の真ん中の散布図どうしを比較する。
　　2015 年度の方が相関は強くなっているから，正しい。

(III)　第3次産業と第1次産業を比較しているから，図1，図2の右側の散布図どうしを比較する。
　　2015 年度の方が相関は弱くなっているから，誤り。

　よって，正誤の組合せとして正しいものは ^ア　⑤

4

　2013 年の箱ひげ図を見ると，開花日の

　　最大値は 135 以上 140 未満

であるから，2013 年のヒストグラムは ^ア　③

← 最小値が 70 以上 75
　未満であることから
　考えてもよい。

　2017 年の箱ひげ図を見ると，開花日の

　　最大値は 120 以上 125 未満

であるから，2017 年のヒストグラムは ^イ　④

← 最小値が 80 以上 85 未満
　の年は他にもあるため，
　最小値からはヒストグラ
　ムを特定できない。

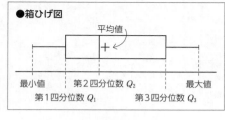

●箱ひげ図

平均値

最小値　　第2四分位数 Q_2　　　　最大値
　　第1四分位数 Q_1　　　第3四分位数 Q_3

5

　散布図に引かれた傾き1の5本の直線上では，男女の平均寿命の差は，

　　上から　1本目：7.5 歳，2本目：7.0 歳，3本目：6.5 歳，4本目：6.0 歳，5本目：5.5 歳

である。

　上から1本目と2本目の間の点の数，すなわち
平均寿命の差が 7.0～7.5 歳である都道府県の数は
3であるから，条件を満たすヒストグラムは ^ア　③

← 7.0～7.5 となる部分には，図1の散布図に点が少なく，
　選択肢の度数にもばらつきがあるため，分析しやすい。

図1の散布図において，$Z = \dfrac{W}{X}$ はそれぞれの点と原点を結ぶ直線の傾きを表す。

このことから，各散布図の分布と l_1, l_2, l_3, l_4 を比較すると，各グループ内で Z が最大となる点は

    男子短距離：l_4 より上
    男子長距離：l_3 と l_4 の間で，l_4 寄り
    女子短距離：l_3 と l_4 の間で，2本の中央付近
    女子長距離：l_2 と l_3 の間

であるから，各グループの Z の最大値を比較すると

    男子短距離＞男子長距離＞女子短距離＞女子長距離

となる。よって，図2の四つの箱ひげ図は

    (a)…男子短距離，　(b)…女子短距離
    (c)…男子長距離，　(d)…女子長距離

である。

← 図2の箱ひげ図は，最小値よりも最大値のばらつきが大きい。そのため，Z の最大値に着目すると，比較が容易となる。

ここで，選択肢の正誤を考えると

⓪ すべてのグループにおいて正の相関があるから，誤り。

① 図2において，Z の中央値が一番大きいのは(a)，すなわち男子短距離であるから，誤り。

② 図2において，Z の範囲が最小なのは(d)，すなわち女子長距離であるから，誤り。

③ 図2において，Z の四分位範囲は(a)，すなわち男子短距離だけが他の三つのグループより大きいから，誤り。

④ 図2において，女子長距離，すなわち(d)の Z の最大値は 25 より小さいから，正しい。

⑤ 上で確認した「(c)…男子長距離」より，正しい。

よって，正しいものは ᵃ ④ ，ⁱ ⑤

⑦

⓪ 98個が0，1個が99のデータの場合，
平均値は1であり，第3四分位数の0より大きくなるから，誤り。

← 極端な例を考えると，反例が見つかりやすい。

① 98個が0，1個が99のデータの場合，
第1四分位数と第3四分位数はいずれも0であるから，
四分位範囲は0である。
また，平均値が1であるから，標準偏差は

$$\sqrt{\dfrac{1}{99}\{(0-1)^2 \times 98 + (99-1)^2\}} > 0$$

よって，誤り。

② 98個が0，1個が99のデータの場合，
中央値は0であり，それより小さい観測値はないから，誤り。

③ 99個のときの第1四分位数は，小さい方から25番目の観測値である。
最大値を削除した98個のときの第1四分位数も，小さい方から25番目の観測値であるから，正しい。

④ 98個が0，1個が99のデータの場合，
第1四分位数より小さい値は0個，第3四分位数より大きい値は1個であるから，これらを削除すると，残りの観測値は98個となる。よって，誤り。

⑤ 第1四分位数 Q_1 より小さい観測値をすべて削除すると，残りのデータの最小値は Q_1 となる。
第3四分位数 Q_3 より大きい観測値をすべて削除すると，残りのデータの最大値は Q_3 となる。
よって，残りの観測値からなるデータの範囲は $Q_3 - Q_1$ となるから，正しい。

以上より，正しいものは ᵃ ③ ，ⁱ ⑤

●標準偏差

$$s = \sqrt{\dfrac{1}{n}\{(x_1 - \bar{x})^2 + (x_2 - \bar{x})^2 + \cdots + (x_n - \bar{x})^2\}}$$

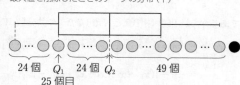

← 99個のときのデータの分布（上）と
最大値を削除したときのデータの分布（下）

8

2つの等式

$$(x_1+x_2+\cdots\cdots+x_n)\overline{w}=n\,\overline{x}\,\overline{w} \qquad \cdots\cdots①$$
$$\overline{x}(w_1+w_2+\cdots\cdots+w_n)=n\,\overline{x}\,\overline{w} \qquad \cdots\cdots②$$

に注意すると，偏差の積の和は

$$(x_1-\overline{x})(w_1-\overline{w})+(x_2-\overline{x})(w_2-\overline{w})+\cdots\cdots+(x_n-\overline{x})(w_n-\overline{w})$$
$$=(x_1w_1-x_1\overline{w}-\overline{x}w_1+\overline{x}\,\overline{w})$$
$$\quad+(x_2w_2-x_2\overline{w}-\overline{x}w_2+\overline{x}\,\overline{w})$$
$$\quad+\cdots\cdots$$
$$\quad+(x_nw_n-x_n\overline{w}-\overline{x}w_n+\overline{x}\,\overline{w})$$
$$=(x_1w_1+x_2w_2+\cdots\cdots+x_nw_n)-(x_1+x_2+\cdots\cdots+x_n)\overline{w}-\overline{x}(w_1+w_2+\cdots\cdots+w_n)+n\,\overline{x}\,\overline{w}$$

①を代入　　②を代入

$$=(x_1w_1+x_2w_2+\cdots\cdots+x_nw_n)-n\,\overline{x}\,\overline{w}-n\,\overline{x}\,\overline{w}+n\,\overline{x}\,\overline{w}$$
$$=x_1w_1+x_2w_2+\cdots\cdots+x_nw_n-n\,\overline{x}\,\overline{w} \qquad ア \boxed{②}$$

9

東京とN市の n 日間の最高気温について考える。

N市（摂氏）の最高気温とその平均値をそれぞれ x，$\overline{x}$ とすると，摂氏での分散 X は

$$X=\frac{1}{n}\{(x_1-\overline{x})^2+(x_2-\overline{x})^2+\cdots\cdots+(x_n-\overline{x})^2\} \qquad \cdots\cdots①$$

N市の華氏での最高気温は $\dfrac{9}{5}x+32$ と表されるから，華氏での平均値は $\dfrac{9}{5}\overline{x}+32$ と表せる。

華氏での偏差は

$$\left(\frac{9}{5}x+32\right)-\left(\frac{9}{5}\overline{x}+32\right)=\frac{9}{5}(x-\overline{x})$$

であるから，華氏での分散 Y は

$$Y=\frac{1}{n}\left\{\left(\frac{9}{5}(x_1-\overline{x})\right)^2+\left(\frac{9}{5}(x_2-\overline{x})\right)^2+\cdots\cdots+\left(\frac{9}{5}(x_n-\overline{x})\right)^2\right\} \qquad \leftarrow 分散は（偏差）^2 の平均$$
$$=\left(\frac{9}{5}\right)^2\cdot\frac{1}{n}\{(x_1-\overline{x})^2+(x_2-\overline{x})^2+\cdots\cdots+(x_n-\overline{x})^2\} \qquad \leftarrow \left(\frac{9}{5}\right)^2 を \{\ \} の外へ$$
$$=\left(\frac{9}{5}\right)^2X=\frac{81}{25}X \qquad \leftarrow ①を代入$$

よって

$$\frac{Y}{X}=\frac{81}{25} \qquad ア \boxed{⑨}$$

●変量の変換

a, b を定数とする。変量 $u=ax+b$ について
平均値　$\overline{u}=a\overline{x}+b$　　　分散　$s_u{}^2=a^2s_x{}^2$

東京（摂氏）の最高気温とその平均値をそれぞれ x'，$\overline{x'}$ とすると，
東京（摂氏）とN市（摂氏）の共分散 Z は

$$Z=\frac{1}{n}\{(x_1'-\overline{x'})(x_1-\overline{x})+(x_2'-\overline{x'})(x_2-\overline{x})+\cdots\cdots+(x_n'-\overline{x'})(x_n-\overline{x})\} \qquad \cdots\cdots②$$

また，N市の華氏での偏差は

$$\frac{9}{5}(x-\overline{x})$$

●共分散

$$s_{xy}=\frac{1}{n}\{(x_1-\overline{x})(y_1-\overline{y})+(x_2-\overline{x})(y_2-\overline{y})+\cdots\cdots+(x_n-\overline{x})(y_n-\overline{y})\}$$

であるから，東京（摂氏）とN市（華氏）の共分散 W は

$$W=\frac{1}{n}\left\{(x_1'-\overline{x'})\cdot\frac{9}{5}(x_1-\overline{x})+(x_2'-\overline{x'})\cdot\frac{9}{5}(x_2-\overline{x})+\cdots\cdots+(x_n'-\overline{x'})\cdot\frac{9}{5}(x_n-\overline{x})\right\}$$
$$=\frac{9}{5}\cdot\frac{1}{n}\{(x_1'-\overline{x'})(x_1-\overline{x})+(x_2'-\overline{x'})(x_2-\overline{x})+\cdots\cdots+(x_n'-\overline{x'})(x_n-\overline{x})\} \qquad \leftarrow \frac{9}{5} を \{\ \} の外へ$$
$$=\frac{9}{5}Z \qquad \leftarrow ②を代入$$

よって

$$\frac{W}{Z}=\frac{9}{5} \qquad イ \boxed{⑧}$$

東京（摂氏）とN市（摂氏）の相関係数 U は，東京の分散を T とすると

$$U = \frac{Z}{\sqrt{T}\sqrt{X}}$$

← 標準偏差は $\sqrt{（分散）}$

東京（摂氏）とN市（華氏）の相関係数 V は

$$V = \frac{W}{\sqrt{T}\sqrt{Y}}$$

よって

$$\frac{V}{U} = \frac{W}{\sqrt{T}\sqrt{Y}} \times \frac{\sqrt{T}\sqrt{X}}{Z} = \frac{W}{Z}\sqrt{\frac{X}{Y}} = \frac{9}{5}\sqrt{\frac{25}{81}} = 1 \quad \text{ウ}\boxed{⑦}$$

●相関係数

$$r = \frac{s_{xy}}{s_x s_y}$$

10

X の偏差の平均値は

$$\frac{(x_1 - \overline{x}) + (x_2 - \overline{x}) + \cdots\cdots + (x_n - \overline{x})}{n}$$

$$= \frac{x_1 + x_2 + \cdots\cdots + x_n}{n} - \frac{n\overline{x}}{n} = \overline{x} - \overline{x} = 0 \quad \text{ア}\boxed{⓪}$$

●偏差

$$x_1 - \overline{x},\ x_2 - \overline{x},\ \cdots\cdots,\ x_n - \overline{x}$$

X' の平均値は，

$$\frac{x_1 - \overline{x}}{s},\ \frac{x_2 - \overline{x}}{s},\ \cdots\cdots,\ \frac{x_n - \overline{x}}{s}$$

の平均値である。ここで，上の計算より

$$x_1 - \overline{x},\ x_2 - \overline{x},\ \cdots\cdots,\ x_n - \overline{x}$$

の平均値が 0 であるから

$$\frac{0}{s} = 0 \quad \text{イ}\boxed{⓪}$$

X' の分散は

$$(x_1' - \overline{x'})^2,\ (x_2' - \overline{x'})^2,\ \cdots\cdots,\ (x_n' - \overline{x'})^2$$

の平均値である。これは，上の計算より $\overline{x'} = 0$ であるから

$$(x_1')^2,\ (x_2')^2,\ \cdots\cdots,\ (x_n')^2$$

の平均値に等しい。さらに，$(x_i')^2 = \left(\dfrac{x_i - \overline{x}}{s}\right)^2$ より

$$\left(\frac{x_1 - \overline{x}}{s}\right)^2,\ \left(\frac{x_2 - \overline{x}}{s}\right)^2,\ \cdots\cdots,\ \left(\frac{x_n - \overline{x}}{s}\right)^2$$

の平均値に等しい。ここで，X の分散は

$$\frac{1}{n}\{(x_1 - \overline{x})^2 + (x_2 - \overline{x})^2 + \cdots\cdots + (x_n - \overline{x})^2\}$$

であり，これは

$$(x_1 - \overline{x})^2,\ (x_2 - \overline{x})^2,\ \cdots\cdots,\ (x_n - \overline{x})^2$$

の平均値であるから，X' の分散は

$$（X \text{の分散}）\times \frac{1}{s^2} = s^2 \times \frac{1}{s^2} = 1$$

よって，X' の標準偏差は

$$\sqrt{1} = 1 \quad \text{ウ}\boxed{①}$$

●分散と標準偏差

分散　　$s^2 = \dfrac{1}{n}\{(x_1 - \overline{x})^2 + (x_2 - \overline{x})^2 + \cdots\cdots + (x_n - \overline{x})^2\}$

（偏差の2乗の平均）

標準偏差　$s = \sqrt{s^2}$

●標準化された値

平均値から標準偏差の何倍離れているかを示す指標

$$x_i' = \frac{x_i - \overline{x}}{s}$$

データ $X'\,(x_1',\ x_2',\ \cdots\cdots,\ x_n')$ の
平均値は 0，分散・標準偏差は 1

11

データの分析 短期学習ノート

●編　者　実教出版編修部

●発行者　小田　良次

●印刷所　寿印刷株式会社

●発行所　実教出版株式会社

〒102-8377
東京都千代田区五番町5
電話＜営業＞(03)3238-7777
　　＜編修＞(03)3238-7785
　　＜総務＞(03)3238-7700
https://www.jikkyo.co.jp/

002402022 ②　　　　　　　ISBN 978-4-407-36041-7

データの分析
短期学習ノート
速習

ISBN978-4-407-36041-7
C7041 ¥300E
定価330円(本体300円)

9784407360417

1927041003007

実教出版株式会社

年　　　組　　　番　名前

実力診断テスト（第1回）

組　　番　名前

点

1　次の計算をせよ。

(1)　$5 + (-3^2 + 4) \times 2$

(2)　$21x^3y \div (-3xy)$

(3)　$(3x^2 + 6x) \div 3x$

(4)　$(6x^2 + x - 5) - 4(x - 3)$

(5)　$5x - \dfrac{3x - y}{4}$

2　次の問いに答えよ。

(9)　2次方程式 $x^2 + x - 6 = 0$ を解け。

(10)　2次方程式 $x^2 - 7x + 9 = 0$ を解け。

(11)　傾き3で，点 (2, 7) を通る直線の式を求めよ。

(12)　$x = 2$ のとき $y = 12$ であるような関数 $y = ax^2$ を求めよ。

3　次の図において，x の値を求めよ。

実力診断テスト（第2回）

組　番　名前　　　点

1　次の計算をせよ。

(1) $\left(-\dfrac{1}{5}\right)^2 \times \left(-\dfrac{5}{3}\right) \div \dfrac{1}{90}$

(2) $16a^3b \div 4a^2 \div 2a$

(3) $(8x^2 - 6x) \div 2x$

(4)  $\dfrac{1}{2}(4x - 6y) + \dfrac{5}{3}(9x + 3y)$

(5)  $\dfrac{2x+y}{3} + \dfrac{x-2y}{4}$

(8) 連立方程式 $\begin{cases} 2x - 5y = -1 \\ 3x + 2y = 8 \end{cases}$ を解け。

(9) 2次方程式 $x^2 - x - 12 = 0$ を解け。

(10) 2次方程式 $2x^2 + 8x + 3 = 0$ を解け。

(11) 2点 (3, −4), (6, 2) を通る直線の式を求めよ。

(12) $x = -5$ のとき $y = 125$ であるような関数 $y = ax^2$ を求めよ。

実力診断テスト（第3回）

組　　番　名前　　　　　　　　　　　点

1 次の計算をせよ。

(1) $(-6a)^3 \div (-9a^2) \times \dfrac{3}{4}a$

(2) $(8x^3 - 4x^2 + 2x) \div 2x$

(3) $\dfrac{2}{5}(25x + 10y) - \dfrac{4}{3}(6x - 9y)$

(4) $\dfrac{5x - 2y}{6} - \dfrac{3x + y}{4}$

2 次の問いに答えよ。

(1) $(2x + 5y)(x - 3y)$ を展開せよ。

(9) 2次方程式 $x^2 + 12x + 35 = 0$ を解け。

(10) 2次方程式 $5x^2 - 8x + 2 = 0$ を解け。

(11) 2次方程式 $x^2 - 5x + a = 0$ の解の1つが3のときの a の値を求めよ。

(12) 2点 $(-1, 3)$, $(-5, 5)$ を通る直線の式を求めよ。

(13) $x = \dfrac{1}{3}$ のとき $y = \dfrac{2}{3}$ であるような関数 $y = ax^2$ を求めよ。

実力診断テスト（第4回：統計）

組　　番　名前

点

1 次のデータについて、平均値と中央値をそれぞれ求めよ。

（平均値 5 点、中央値 5 点）

(1) 1, 4, 5, 6, 9

平均値

中央値

(2) 5, 9, 7, 2, 8, 10, 1

平均値

中央値

(3) 10, 1, 6, 8, 2, 1, 5, 3

平均値

中央値

(4) 6, 0, 6, 7, 2, 8, 1, 5, 1

平均値

中央値

3 次のデータについて、第 1 四分位数 Q_1 と第 3 四分位数 Q_3 をそれぞれ求めよ。（Q_1 5 点、Q_3 5 点）

(1) 1, 2, 4, 5, 6, 9, 10

Q_1

Q_3

(2) 6, 8, 10, 5, 12, 10, 2, 12, 4

Q_1

Q_3

(3) 10, 15, 5, 11, 12, 5, 8, 13, 6, 9

Q_1

Q_3

[2] 次の表は、生徒20人について、国語のテストの得点を度数分布表で示したものである。下の問いに答えよ。（各5点）

階級（点）	階級値（点）	度数（人）
0以上～10未満	5	0
10 ～ 20	15	0
20 ～ 30	25	0
30 ～ 40	35	0
40 ～ 50	45	3
50 ～ 60	55	2
60 ～ 70	65	6
70 ～ 80	75	4
80 ～ 90	85	0
90 ～ 100	95	5
計		20

(1) 得点の平均値を求めよ。

(2) 得点の中央値が入っている階級を求めよ。

(3) 得点の最頻値を求めよ。

[4] 次のデータについて、下の問いに答えよ。（(1) 10点、(2) 5点）

33, 13, 20, 22, 15, 44, 49, 24, 37, 39, 51, 16

(1) 最大値、最小値、中央値（第2四分位数）Q_2、第1四分位数 Q_1、第3四分位数 Q_3を求めよ。

最大値　　　　　最小値　　　　　Q_2

Q_1　　　　　　　　　　　　　　Q_3

(2) 箱ひげ図をかけ。

10　　20　　30　　40　　50

(3) $36x^2y - 36y$ を因数分解せよ。

(4) $3a^2 - 15a + 18$ を因数分解せよ。

(5) $\dfrac{4}{\sqrt{2}}$ を，分母に $\sqrt{}$ を含まない形で表せ。

(6) $(2+\sqrt{5})^2 - (2-\sqrt{5})^2$ を計算せよ。

(7) 1次方程式 $\dfrac{1}{2}(3x+1) = 5 - \dfrac{x}{4}$ を解け。

(8) 連立方程式 $\begin{cases} 7x - 3y = 5 \\ -3x + 4y = 6 \end{cases}$ を解け。

3 次の図において，x，y の値を求めよ。

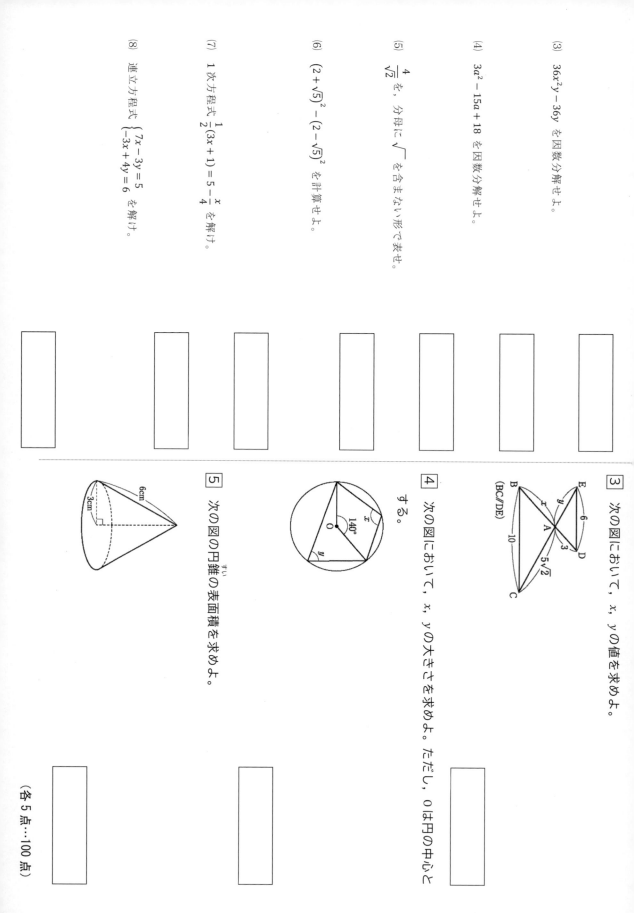

(BC//DE)

4 次の図において，x，y の大きさを求めよ。ただし，O は円の中心とする。

5 次の図の円錐の表面積を求めよ。

(各 5 点…100 点)

(2) $(2x+7)^2 - (2x-7)^2$ を展開せよ。

(3) $x^2 - 5x + 6$ を因数分解せよ。

(4) $6a^2 - 6a - 36$ を因数分解せよ。

(5) $\dfrac{15}{\sqrt{5}}$ を，分母に $\sqrt{}$ を含まない形で表せ。

(6) $(\sqrt{7}+1)^2 - \sqrt{63}$ を計算せよ。

(7) 1次方程式 $4(2x-1) = 3(x+7)$ を解け。

4 次の図において，x，y の大きさを求めよ。ただし，O は円の中心とする。

（∠ABC＝∠AED）

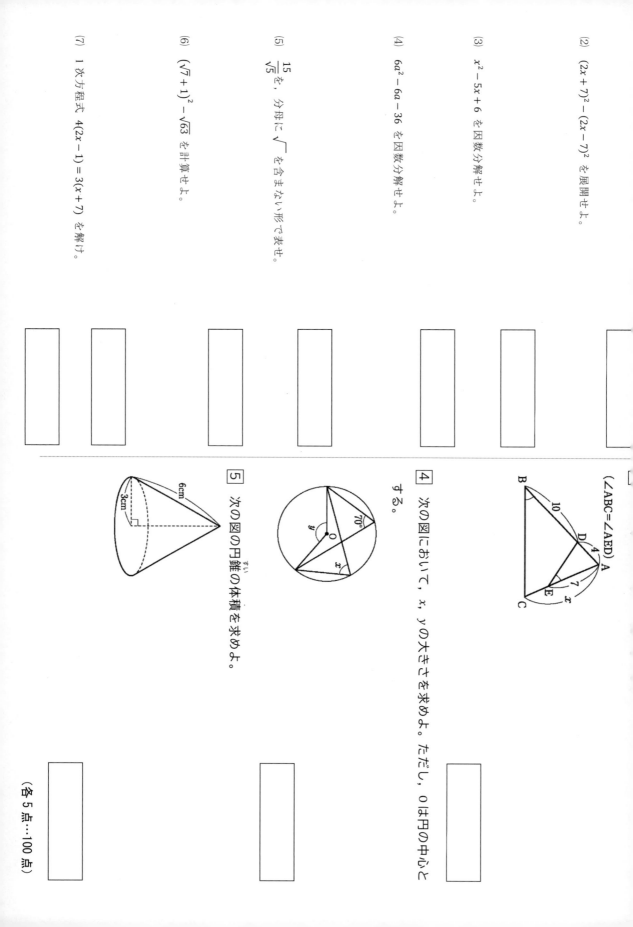

5 次の図の円錐の体積を求めよ。

（各5点…100点）

(2) $(a+4)^2 - (a-4)(a+4)$ を展開せよ。

(3) $x^2 - 3x - 4$ を因数分解せよ。

(4) $2a^2 + 12a + 18$ を因数分解せよ。

(5) $\dfrac{6}{\sqrt{3}}$ を，分母に $\sqrt{}$ を含まない形で表せ。

(6) $(\sqrt{3} + \sqrt{2})^2$ を計算せよ。

(7) 1次方程式 $3(x+1) = 7x - 5$ を解け。

(8) 連立方程式 $\begin{cases} 3x + 2y = 8 \\ x - y = 1 \end{cases}$ を解け。

4　次の図形の斜線部分の周の長さと面積を求めよ。

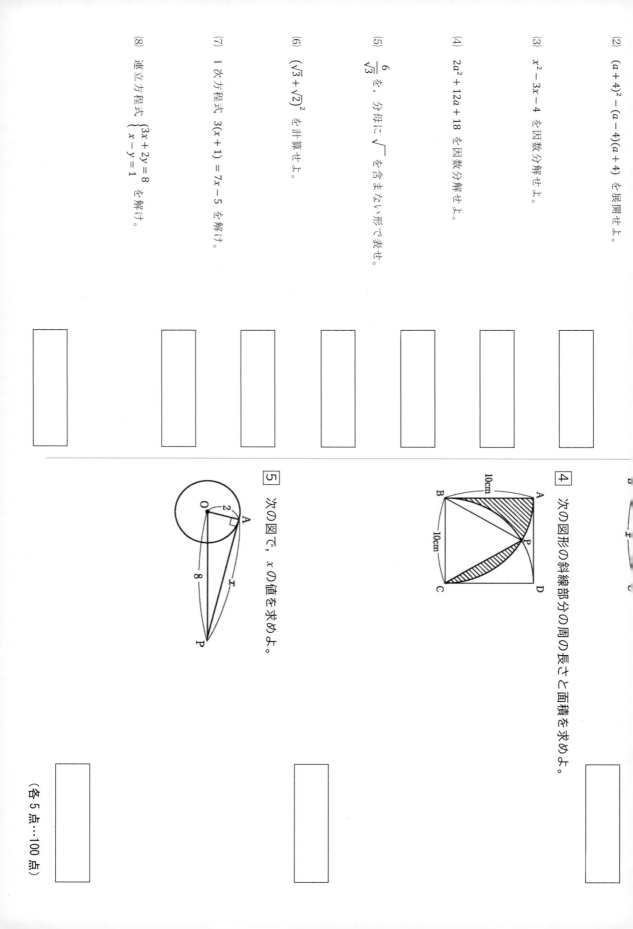

5　次の図で，x の値を求めよ。

（各5点…100点）